# 混凝土碳化理论与研究

袁 群 何芳婵 李 杉 编著

黄 河 水 利 出 版 社
·郑州·

## 内 容 提 要

本书内容主要涉及混凝土碳化的机理、碳化的检测、碳化混凝土的性质、碳化的危害、碳化对结构性能的影响、碳化深度预测以及碳化的防护措施等。其中既有理论研究，也有实践应用，可供从事土木工程、水利工程、港口工程、桥梁工程、市政工程等专业的设计、施工人员借鉴，也可供从事相关专业的科研人员以及大专院校师生阅读参考。

**图书在版编目(CIP)数据**

混凝土碳化理论与研究/袁群，何芳婵，李杉编著．郑州：黄河水利出版社，2009.4

ISBN 978－7－80734－519－0

Ⅰ．混…　Ⅱ．①袁…②何…③李…　Ⅲ．混凝土－化学性能－研究　Ⅳ．TU528

中国版本图书馆 CIP 数据核字(2008)第151397号

组稿编辑：王路平　电话：0371－66022212　E-mail：hhslwlp@126.com

出 版 社：黄河水利出版社

地址：河南省郑州市顺河路黄委会综合楼14层　邮政编码：450003

发行单位：黄河水利出版社

发行部电话：0371－66026940、66020550、66022620(传真)

E-mail：hhslcbs@126.com

承印单位：河南省瑞光印务股份有限公司

开本：850 mm×1 168 mm　1/32

印张：6.625

字数：166千字　　印数：1—2 500

版次：2009年4月第1版　　印次：2009年4月第1次印刷

定价：20.00元

# 序

混凝土结构是当前世界上应用最普遍的结构形式之一,我国每年用在混凝土结构上的费用达2 000亿元以上。过去,人们认为混凝土是一种耐久性良好的建筑材料,从而忽视了混凝土结构的耐久性问题,为此已经付出了巨大的代价。近十年来,混凝土结构耐久性研究已进入了一个崭新的阶段。

影响混凝土结构耐久性的因素很多,其中混凝土碳化是一个重要的因素。对全国32座大型混凝土坝及46座钢筋混凝土闸、涵、渡槽的调查中发现,碳化病害占调查总数的40%~50%。我国20世纪50、60年代,甚至70年代建造的钢筋混凝土结构,程度不同地受到了碳化效应的影响,而且日趋严重。混凝土碳化造成的碱度降低是钢筋锈蚀的重要前提,而钢筋锈蚀又将导致混凝土保护层开裂、钢筋与混凝土之间黏结力破坏、钢筋受力截面减小、结构耐久性降低等不良后果。因此,进行混凝土碳化的研究具有非常重要的意义。

据报道,在19世纪中叶,大气中二氧化碳的平均浓度为$280\times10^{-6}$,2005年已达到了$379\times10^{-6}$,预计到2100年将上升到$650\times10^{-6}$。二氧化碳浓度的增大将加剧混凝土结构的碳化,对混凝土结构的耐久性带来更为不利的影响。近年来,国内外学术界对混凝土碳化问题的研究非常关注,仅1991~1998年期间,据“美国工程索引(EI)”和中文科技期刊文摘收录的以“碳化”为主题发表的文章就有300多篇。这些研究,对认识碳化的机理、延缓碳化的发展、评估碳化的危害以及对碳化结构的维修等方面都具有积极意义。

作者多年从事混凝土耐久性尤其是混凝土碳化方面的研究工作,积累了丰富的经验,为本书的编著奠定了基础。书中内容丰富,涉及混凝土碳化问题的多个方面,相信该书的出版会对热心于混凝土碳化问题研究的人们有所助益。

中国工程院院士:赵国藩

2008 年 4 月 3 日

# 前 言

混凝土是工程中用量最多、也是最主要的一种建筑材料。混凝土在环境作用下会发生碳化而失去碱性,呈现出中性化状态。此时钢筋将因脱钝失去保护而锈蚀,引发结构耐久性失效,最终导致结构承载能力丧失,危及结构安全。吴中伟院士曾指出,混凝土耐久性问题是当前一个亟待解决的重大问题。由于混凝土耐久性不好引起的结构失效与破坏,甚至倒塌的事例国内外屡见不鲜,给人类造成了严重危害。

混凝土碳化是影响混凝土耐久性的一个重要因素。对混凝土碳化现象开展研究,掌握其发生原因、发展规律,有利于我们从本质上解决混凝土的碳化问题。这可以通过更加合理的选择混凝土原材料及配合比,采取必要和有效的防护措施,来消除和延缓混凝土的碳化进程,以保证建筑物在设计使用期限内具有良好的耐久性和安全性。同时,通过对混凝土碳化规律的研究,能够为我们准确预测已有建筑物的剩余使用年限,及对已碳化混凝土结构进行科学的维修提供必要的理论依据。

目前,对于混凝土碳化的研究主要集中在三个方面:①对碳化机理的研究;②对碳化深度预测模型的研究;③对碳化病害防治方法的研究。其中对碳化机理的研究较多,也最成熟;而对碳化深度预测模型的研究及碳化病害防治方法的研究是目前的热点。

混凝土碳化研究方面的成果和文章已有很多,但都散见于文献中,这将不利于混凝土碳化研究的交流与发展。鉴于此,作者经过长期的努力,编著了此书。本书共包括八章,内容涉及混凝土的碳化机理、碳化影响因素、碳化的检测、碳化深度预测、碳化的危害、碳化的防护等多个方面。本书兼顾理论研究与实际应用，一部分是作者的研究结果，更多的是介绍了同行的研究成果，藉此以抛砖引玉，望与同行携手共同促进混凝土碳化研究的深入开展。

此书是混凝土碳化研究初涉者快速了解混凝土碳化问题的一个窗口，也可供从事混凝土碳化研究的人员参考。

作者的恩师大连理工大学教授、中国工程院院士赵国藩先生在本书的撰写过程中给予了悉心指导，并为本书作序；在出版过程中，河南省水利科学研究院左英勇教授对书稿进行了校对，在此表示衷心感谢！

限于作者的水平，书中难免存在不妥之处，敬请读者批评指正。

作　者

2008 年 4 月

# 主要符号

$L$:混凝土碳化深度

$t$:混凝土碳化时间

$t_c$:混凝土保护层完全碳化所需时间

$w$:混凝土碳化速度系数

$w_n$:自然环境下的碳化速率系数

$w_a$:人工条件下的碳化速率系数

$b$:裂缝宽度

$RH$:相对湿度

$c$:混凝土保护层厚度

$D_e$:$CO_2$ 气体在混凝土孔隙中的有效扩散系数

$D_c$:腐蚀性气体在碳化混凝土中的有效扩散系数

$D_e^c$:$CO_2$ 气体在碳化混凝土孔隙中的有效扩散系数

$D_{cr}$:裂缝内腐蚀性气体的扩散系数

$m_0$:单位体积混凝土吸收 $CO_2$ 气体的量

$m_c$:单位体积混凝土吸收腐蚀性气体的量

$\varepsilon_p$:混凝土孔隙率

$[CO_2]^0$:环境中 $CO_2$ 的气体摩尔浓度

$[CO_2]$:混凝土中 $CO_2$ 的气体摩尔浓度

$C_0$:混凝土表面处腐蚀性气体的浓度

$K_{CH}$:氢氧化钙的碳化反应速率常数

$K_{CSH}$:水化硅酸钙的碳化反应速率常数

$\lambda$:碳化指数

$\beta_b$:黏结力降低系数

$D$:钢筋直径

# 目　录

# 第一章 绪 论

## 第一节 混凝土碳化状况调查

自从19世纪20年代波特兰水泥问世以来,混凝土材料就以其广泛的适用性和低廉的造价在工民建、水工、港工、公路等领域内得到了普遍使用。过去由于在设计和施工时对混凝土碳化问题重视不够,导致混凝土抗碳化能力较低,造成不少建筑物的耐久性差,被迫提前加固。目前,我国建筑业的重点也正由新建转向新建和维修改造并重的局面。

混凝土碳化引起的钢筋锈蚀已经或正在给国民经济带来巨大的损失。西方发达国家由于工程建设开始得比较早,工程服役时间较长,此问题暴露得比较突出。例如,美国标准局1975年的调查表明:美国全年各种腐蚀造成的损失约为700亿美元,其中因混凝土碳化引起的钢筋锈蚀损失占40%(280亿美元)。在英国,由于混凝土碳化引起钢筋锈蚀而需要重建或更换钢筋混凝土的建筑物占36%。据1975年苏联有关资料统计,在一般的工业区,大部分冶金、化工、机械制造、造纸和食品工业的厂房和构筑物都受着钢筋锈蚀的侵害,为此受到的损耗总值超过400亿卢布,占工业固定资产的16%,若不对这些厂房和构筑物采取专门的措施,则因建筑结构使用期限缩短而造成的材料损耗每年就达20亿卢布。

在我国,建设部统计资料表明,现有的近70亿$m^2$建筑物中有50%进入老化阶段,其中有10亿~12亿$m^2$需经加固改造才能安全使用。由于建筑工程中绝大多数是钢筋混凝土结构,据调查,在一般大气环境下有40%的工业民用建筑结构的混凝土已碳化到钢筋表面，在较潮湿环境下有90%构件的钢筋已经锈蚀。例如某企业食堂，1999年5月竣工，2000年5月检测发现，该食堂厨房间两道梁混凝土保护层厚度仅为20 mm左右，远小于35 mm的设计厚度，且由于处于高湿高温的环境中，保护层已完全碳化，梁底部多处出现顺筋裂缝，混凝土局部脱落。再如某公司北部机修厂机动科办公楼服役几年后，屋面板碳化40 mm，板肋多处顺筋开裂，缝宽6 mm，主肋挠度40 mm，安全隐患严重。另有某钢铁公司初轧厂均热炉烟囱使用近20年（环境无特殊腐蚀性），筒壁混凝土龟裂，起鼓脱落。实测强度为设计强度的58.8%，1.3 m以上为22.4 MPa（设计 C18），1.3 m以下为10.4 MPa，碳化深度4.5~5.5 mm，底部裂缝超出允许值0.3 mm，钢筋严重锈蚀，仅为原面积的65.8%。

水利工程一般多处于野外，环境条件恶劣，混凝土建筑物更易出现老化病害，且有的已相当严重，必须投入巨额资金进行维修或加固。我国1985年对全国40余处中小型钢筋混凝土水闸结构的耐久性进行了调查，结果表明：由于混凝土碳化引起的钢筋锈蚀使闸墩、胸墙、大梁破坏的工程占47.5%。1985年安徽省对14座水工混凝土建筑物进行了锈蚀破坏调查，几乎全部存在不同程度的混凝土碳化和钢筋锈蚀破坏。有学者对漳山、泗阳、三河等6座淡水闸的调查表明，这些水库公路桥、工作桥、胸墙等钢筋混凝土构件，由于采用火山灰水泥或现场掺合火山灰质混合材料，及混凝土施工质量欠佳等原因，使用仅15~24年，混凝土碳化深度已接近或超过钢筋的混凝土保护层厚度，钢筋锈蚀严重，多处出现顺筋裂缝。在对34座水电站混凝土建筑物碳化速度的检测结果中，有15个混凝土工程的碳化速度不超过1 mm/a，另外19个混凝土工程的碳化速度大于1 mm/a，其中大于1.5 mm/a的混凝土工程有13个。古田溪二级水电站平板坝，挡水平板厚度为652 mm，运行

30 多年后，平均碳化深度为 40 mm，耗资 2 500 万元加固改造；珠窝和新安江大坝经过 4 年和 33 年的运行，坝面最大碳化深度分别达到 7 mm 和 112 mm；吉林丰满水电站，大坝迎水面某处碳化深度达 50 mm 以上；吉林市某灌区始建于 1976 年，到 1986 年，灌区已有许多混凝土建筑物产生裂缝、钢筋裸露等破坏现象，究其原因，大多是由于混凝土碳化造成的。

在交通行业，混凝土碳化带来的危害也相当严重。对某高速公路段内的路桥调查显示，20 世纪 90 年代中期建成的混凝土结构，使用约 8 年，混凝土碳化深度已达 10 mm 以上。上海四川路桥建于 20 世纪 20 年代，建筑风格与周围欧式建筑遥相呼应，是一座具有历史文化价值的建筑，90 年代上海市政工程管理处在对上海市内旧桥质量普查中发现，四川路桥混凝土保护层厚度为 40 ~ 70 mm，实测碳化深度已大于或等于保护层厚度。江苏省国营淮海农场位于淮河下游、苏北浇灌总渠尾闸两岸，东临黄海，自 1995 年建场以来，大搞场内道路桥梁建设，至 2001 年底，全场共建有人行桥、机耕桥、公路桥 50 余座，1998 年对全场 90 年代以前建造的桥梁检测表明，早期建造的桥梁混凝土碳化严重，平均碳化深度 7. 5 ~ 18. 9 mm，部分测点已接近或超过 30. 0 mm 厚的混凝土保护层。

总之，碳化普遍存在于混凝土工程中，是影响混凝土结构耐久性的一个重要因素。

## 第二节　国内外研究状况

20 世纪 60 年代，国际上一些发达国家就开始重视混凝土结构的耐久性问题，对混凝土碳化进行了大量的试验研究和理论分析。国内在这方面起步较晚，从 20 世纪 80 年代开始研究混凝土碳化和钢筋锈蚀问题，通过快速碳化试验、长期暴露试验及实际工程调查,研究混凝土碳化的影响因素与碳化深度预测模型。迄今为止,国内外学者做了许多深入的研究,并取得了一系列成果。基于这些研究成果,各国工程界相继把碳化作为混凝土耐久性的一个重要方面纳入了设计规范,国际混凝土学术界已举办过多次有关混凝土碳化的学术讨论会,并且有相当数量关于混凝土碳化的论文发表。国内外对混凝土碳化的研究主要集中在碳化机理、混凝土碳化的影响因素、碳化深度预测的数学模型、碳化混凝土的研究方法以及碳化混凝土力学性能等方面,另外,碳化混凝土的防护处理措施也是目前研究的重点和热点。

混凝土碳化机理的研究涉及宏观和微观两个方面,研究内容包括混凝土中的可碳化物质分析,碳化反应过程分析,孔隙率、孔结构、孔隙大小、混凝土含水率等对 $CO_2$ 等酸性气体在混凝土中扩散的影响,混凝土碳化前缘的物质浓度梯度,混凝土碳化的条件,水泥石中水化产物稳定存在的 pH 值分析等。一些学者还运用化学分析、X 衍射分析、热重分析、化学热力学原理及有限元计算等方法开展碳化机理的研究。

混凝土碳化是一个多相物理、化学变化过程,碳化的深度和速度受多种因素影响,这些因素可以归纳为材料本身因素和环境因素。水灰比、水泥品种与用量、骨料品种与粒径、掺加剂、混凝土抗压强度、养护方法与养护时间等属于材料本身的因素;$CO_2$浓度、光照、相对湿度、温度、应力状态、表面覆盖层等属于环境条件的因素。

水灰比是决定混凝土各项性能的主要参数,很多学者研究了水灰比对混凝土碳化的影响。日本学者就曾通过假设一个混凝土孔结构模型,推导了水灰比与混凝土碳化深度的关系。水灰比对扩散系数影响的试验研究、水灰比对碳化深度(速度)的影响、水灰比与混凝土碳化速度的关系等都是研究的重点,有学者曾得出水灰比与混凝土碳化速度成线性关系,还有学者给出了碳化速度系数与水灰比的表达式。水泥用量直接影响混凝土吸收 $CO_2$ 的量。通过研究水泥用量对碳化的影响,有学者给出了不同水泥用量的碳化深度比值,还得出了碳化与水泥用量指数的倒数成正比。另外,通过不同水泥品种的混凝土碳化对比试验,普遍得出早强型普通硅酸盐水泥混凝土碳化速度最慢,矿渣水泥混凝土与普通硅酸盐水泥混凝土碳化速度基本相同。粉煤灰(火山灰)水泥混凝土、矿渣水泥混凝土、膨胀水泥混凝土的碳化问题以及水泥含碱量对碳化的影响等都曾有学者进行过专门的研究,并且得出了有价值的结论。骨料的品种和级配不同,其内部孔隙结构差别很大,直接影响着混凝土的密实性,施工质量、混凝土养护状况对碳化也有一定影响,有学者曾将施工质量划分等级,给出了相应的碳化速度。

混凝土碳化与光照和温度有直接关系。随着温度升高,$CO_2$ 在空气中的扩散逐渐增大,为其与 $Ca(OH)_2$ 反应提供了有利条件。温度、相对湿度、$CO_2$ 浓度对混凝土碳化的影响等方面的研究我们都可以从文献中看到。自然碳化与人工加速碳化相关性的试验研究对于以后开展碳化问题的研究具有重要意义。

混凝土碳化深度预测模型是目前研究的热点,比较有代表性的是混凝土强度模型、水灰比模型、多因素模型、多系数方程、基于人工神经网络方法建立的多因素碳化深度预测模型以及随机模型等。

国内外研究的结果表明,混凝土碳化后抗压强度提高,延性降低,具有明显的脆性,对抗震不利,有学者专门做过新建混凝土和碳化混凝土框架柱抗震性能的差异研究;碳化导致钢筋表面的钝化膜发生破坏,引发钢筋锈蚀,降低钢筋与混凝土之间的黏结力,对结构耐久性有不利影响;高温火灾后的碳化混凝土,与未碳化混凝土相比,残余抗压强度略有提高,但残余极限应变降低,对结构抗火不利;混凝土碳化后,其表面硬度和强度都会有较大的提高,由回弹法测得的强度只是表面混凝土的强度，不能反映内部混凝土的状况，这样就会过高地估计混凝土的强度，使得检测结果偏于不安全，碳化给结构中混凝土强度的无损检测增加了麻烦；碳化可用于抑制混凝土"盐霜"、提高混凝土颜色稳定性及保护混凝土中的玻璃纤维，不过这仅是碳化对混凝土结构性能影响中一个不重要的侧面。

目前，碳化混凝土采用的防护处理措施主要有：混凝土表面涂层保护、渗入钢筋阻锈剂和电化学修复。其中电化学修复技术主要包括：阴极保护和电化学再碱化。水泥砂浆、石灰砂浆、石膏、瓷砖等无机材料，以及丙烯酸树脂类乳浊剂、硅烷系列改性树脂等有机疏水材料制成的混凝土涂层等都具有良好的混凝土防碳化功能。渗透型阻锈剂一般用于维护修复工程；掺入型阻锈剂（亚硝酸钙和氨基乙醇等化合物）一般用于新建混凝土工程。阴极保护法包括牺牲阳极和外加电流两种方法。外加电流阴极保护法用于受污染的钢筋混凝土结构已有20多年，而应用于新的钢筋混凝土结构则是近10年来才发展起来的，目前人们主要致力于研究开发阳极系统，并且不断有新的阳极材料被开发和应用。牺牲阳极保护是在被保护的金属上连接一种电极电位更低的金属或合金称为牺牲阳极，通过牺牲阳极的自我溶解和消耗，使被保护金属得到阴极电流，目前研究工作的重点是牺牲阳极系统的开发。电化学再碱化是通过恢复混凝土中钢筋表面的再钝化来挽救已受到伤害的钢筋混凝土构筑物，目前研究的重点是再碱化原理、再碱化试验方法以及再碱化过程的控制理论。

## 第三节 本书的主要内容

在多年从事混凝土碳化研究的基础上，对研究成果进行总结，同时引入了其他学者的研究成果。本书共八章，各章主要内容介绍如下：

第一章介绍了世界各国混凝土结构发生碳化状况和各国学者在混凝土碳化方面主要进行的研究工作以及本书的主要内容。

第二章分析了混凝土碳化的化学反应过程，揭示了影响碳化反应快慢的因素，从 pH 值、物质构成两方面分析介绍了碳化区的结构。

第三章介绍了目前常用的混凝土碳化深度检测方法：酚酞检测方法和彩虹试验方法，同时介绍了鉴于碳化研究需要而发展起来的人工碳化方法和用于评价结构中碳化程度及碳化分布的碳化速度系数和碳化指数的概率模型，还介绍了裂缝内混凝土碳化深度的计算方法以及高性能混凝土与普通混凝土之间的差别。

第四章通过试验研究了混凝土的抗压性能、抗拉性能、抗渗性能、孔隙结构及碳化混凝土与新混凝土的黏结性能等，介绍了试验过程及得出的结论，并对试验方法以及得到的结论进行了分析说明。

第五章介绍了碳化对混凝土结构产生的危害与作用。碳化会形成收缩裂缝，使混凝土 pH 值降低，引发钢筋锈蚀，这些都严重影响了混凝土结构的耐久性，另外，碳化还影响了混凝土无损测强方法的有效应用；碳化在对混凝土结构产生许多不利影响的同时，人们也利用它处理一些难题，本书介绍了“内部碳化”方法在抑制混凝土“盐霜”和保护混凝土中的玻璃纤维中的应用以及真空碳化快速养护方法。

第六章介绍了碳化对结构性能的影响，包括对混凝土的均匀性、裂缝、保护层厚度取值、结构耐久性、结构安全性和结构质量评估的影响。

第七章介绍了多种混凝土碳化深度的预测模型，包括基于混凝土特征的预测模型、考虑多因素的预测模型、随机时间序列预报模型、基于模糊理论的预测模型、基于灰色理论的预测模型、基于神经网络理论的预测模型、基于混凝土孔隙结构的预测模型、裂缝处碳化深度的预测模型，以及岸谷模型、西安建筑科技大学模型等。

第八章介绍了混凝土碳化的防护措施，包括表面覆盖法、改善配合比法和再碱化法这三种常用的措施。

## 参考文献

[1] 殷顺湖，许强．混凝土碳化防护材料的研究[J]．建筑石膏与胶凝材料，2004，11.

[2] 牛荻涛．混凝土结构耐久性与寿命预测[M]．北京：科学出版社，2003.

[3] CENGIZ D A. Accelerated carbonation and testing of concrete made with fly ash[J]. Construction and Building Materials，2003，17(3).

[4] 王培铭，朱艳芳，计亦奇，等．掺粉煤灰和矿渣大流动度混凝土的碳化性能[J]．建筑材料学报，2001，4(4)：305－310.

[5] KHANM I，LYNSDALE C J. Strength permeability and carbonation of high performance concrete[J]. Cement and Concrete Research. 2002. 32(1)：123－131.

[6] MONTEMORM F，CUNHA M P，FERREIRA M G. Corrosion behaviour of rehars in fly ash mortar exposed to carbon dioxide and chlorides[J]. Cement & Concrete Composites，2002，24(1)：45－53.

[7] ROY S K，POH K B，NORTHWOOD D O. Durability of concrete accelerated carbonation and weathering studies[J]. Building and Environment，1999，34(5)：597－606.

[8] CASTEL A，FRANCOIS R，ARLIGUIE G. Effect of loading on carbonation penetration in reinforced concrete elements[J]. Cement and Concrete Research，1999，29(4)：561－565.

[9] 金祖权，孙伟，张云升，等．荷载作用下混凝土的碳化深度[J]．建筑材料学，2005，4(2).

[10] 刘秉京．混凝土结构耐久性设计[M]．北京：人民交通出版社，2007.

[11] 黄可信，吴兴祖，蒋仁敏，等译．钢筋混凝土结构中钢筋腐蚀与保护

[M]. 北京:建筑工业出版社,1983:19－120.
[12] 杨钱荣,杨全兵. 掺粉煤灰和引气剂混凝土的碳化性能研究[J]. 粉煤灰综合利用,2006,1.
[13] 高全全,张虎元. 大气二氧化碳浓度升高对混凝土碳化的影响[J]. 混凝土,2007,4.
[14] 徐善华,牛荻涛,王庆霖. 钢筋混凝土结构碳化耐久性分析[J]. 建筑技术开发,2002,29(8),16－18.
[15] 日本建筑学会建筑设计标准委员会. 建筑物的损伤和耐久性对策[M]. 张富春,译. 北京:建筑工业出版社,1988:23－28.
[16] L Yingyu, W Guldong. The mechanism of carbonation of mortar and the dependence of carbonation on pore structure[J]. Proce Katharine and Bryant M ather lnt Conf on Concrete Durability, Atlanta, 1987, 22: 1915－1943.
[17] Houst Y F, Wittmann F H. Influence of porosity and water content on the diffusivity of moisture, heat and carbon dioxide flow through porous materials[J]. Cement and Concrete Rarearch, 1989, (8): 2－5.
[18] Saetta A V, Schrefler B A, Vitaliani R V. The carbonation of concrete and the Concrete Research, 1989, 19: 649－656.
[19] Parrott L J, et al.. Carbonation in a 36 year old in situ concrete[J]. Concrete Research, 1989, 19: 649－656.
[20] 叶绍勋. 混凝土碳化反应的热力学计算[J]. 硅酸盐通报,1989,(8):2－5.
[21] Papadakis V G, Vayenas C G, Fardis M N. A reaction engineering approach to the problem of concrete carbonation[J]. A Ich E Journal, 1991, 88: 186.
[22] Papadakis V G, Vayenas C G, Fardis M N. Physical and chemical characteristics affecting the durability of concrete[J]. ACI Materials Journal, 1991, 88: 186.
[23] Papadakis V G, Vayenas C G, Fardis M N. Fundamental modeling and experimental investigation of concrete carbonation[J]. ACI Materials Journal, 1991, 88: 363－373.
[24] Papadakis V G, Vayenas C G, Fardis M N. Experimental investigation and

mathematical modeling of the concrete carbonation problem[J]. Chemical Engineering Science,1991,46:1333 - 1338.

[25] 张誉,蒋利学. 混凝土碳化数学模型的剖析. 建筑物鉴定与加固第三届全国学术讨论会文集[C]. 南京,1995. 10,50 - 58.

[26] Tuutti K. Corrosion of steel in concrete[J]. C B I Research,1984(4).

[27] Skjolsvold O,A C I sp - 91Madrud Proc. 1986,2:1031 - 1048.

[28] Ho D W S,Lewis R L. The carbonation of concrete and its prediction [J]. Cement and Concrete Research,1987,17:489 - 504.

[29] Dhir R K,Hewlett P C,ChanY N. Near surface characteristics of concrete prediction of carbonation resistance[J]. Magazine of Concrete Research, 1989,41:137 - 143.

[30] 方景,梅国兴,陆采荣. 影响混凝土碳化主要因素及钢锈因素试验研究[J]. 混凝土,1993,(2):23 - 26.

[31] Thomas M D A, Matthews J D. Carbonation of fly ash concrete [J]. Magazine of Concrete Research,1992,44:217 - 228.

[32] Hobbs D W. Carbonation of concrete containing PFA [J]. Magazine of Concrete Research,1994,46:35 - 38.

[33] Sakai E,Kosuge K,Temlllura S,et al.. Durability of concrete[J],1991, ACISP - 126;989 - 1000.

[34] 马文海. 水泥用量对碳化深度的影响[J]. 低温建筑技术,1986(1): 27 - 32.

[35] 张誉,蒋利学,等. 混凝土碳化深度的计算与实验研究[J],混凝土, 1996(4):12 - 17.

[36] Kobaya ShiKUnoY. Influence of alkali on carbonation of concrete(part1) - preliminary test with mortar speciments [J]. Cement and Concrete Research,1989,19:821 - 826.

[37] Lydon F D,et al.. Effect of coarse aggregate on relative permeability of concrete[J]. Construction and Building Materials,1994,8:3.

[38] Fattuhi N I. Carbonation and affected by mix constitutents and initial water curing period[J]. materials et constructions,1986,19:131 - 136.

[39] Nagatakis,et al.. Effect of curing conditions on the carbonation of concrete

with fly ash and the corrosion of reinforcement in long – term test[J]. ACISP –91,1986,1:521 –540.

[40] Ewertson C. The influence of curing conditions on the permeability and durability of concrete, result from a field exposure test[J]. Cement and Concrete Research,1993,23:683.

[41] 胡利娟. 养护方式对混凝土碳化作用的影响[J]. 建材发展导向,1989,3:47.

[42] Reardon E I, James B R, Abouchar J. High pressure carbonation of cement and Concrete[J]. Research,1989,19:385 –399.

[43] 张令茂,文江辉. 混凝土自然碳化及其与人工加速碳化的相关性研究[J]. 西安冶金建筑学院学报,1990(22):32 –35.

[44] 李果,袁迎曙,耿欧. 气候条件对混凝土碳化速度的影响[J]. 混凝土,2004(11):49 –51.

[45] Ho D W S. Harrison R S. Influence of surface coating on carbonation of concrete[J]. Journal of Materials in Civil Engineering,1990,2:35 –44.

[46] 张令茂. 混凝土表面覆盖的碳化延迟系数的研究[J]. 西安冶金建筑学院学报,1989,(21):34 –40.

[47] 邸小坛,周燕. 混凝土碳化规律研究[R]. 中国建筑科学研究院,1995,(3):18 –24.

[48] Nisha T. Proc RILEM Symp 1962 [M]. Testing of Concrere,485 –489.

[49] Sharobm K G , Tzzawa E. Study on carbonation of subjected to cracking [J]. Proceeding of the Japan Society of Civil Engineering,1989(408):167 –174.

[50] 朱安民. 混凝土碳化与钢筋混凝土耐久性[J]. 混凝土,1992(6):23 –25.

# 第二章 碳化的机理

## 第一节 碳化的化学过程

普通混凝土是由水泥、砂、石、水等材料拌和水化而成的。由于高层建筑、大跨度桥梁、大型渡槽等大型复杂结构的建设需要，对混凝土所具备的性能要求越来越高，为了适应这种变化，常加入粉煤灰、硅灰等掺合料以及减水剂、引气剂等外加剂来改善混凝土的性能，使混凝土的基本组成材料扩大为六种。

水化后的混凝土由水泥石和骨料组成，水泥石使混凝土成为整体，是影响混凝土性能的关键部分。在普通硅酸盐水泥中，水泥石由氢氧化钙（$Ca(OH)_2$）、水化硅酸钙（$3CaO \cdot 2SiO_2 \cdot 3H_2O$ 或简写为 CSH）、未水化的硅酸三钙（$3CaO \cdot SiO_2$）、硅酸二钙（$2CaO \cdot SiO_2$）、水化铝酸钙、水化硫铝酸钙和钙矾石等组成。其中氢氧化钙约占水泥石的 25%，混凝土一般呈强碱性，pH 值为12～13。在水泥水化反应过程中，一部分水参与化学反应，另一部分水蒸发掉，其余的水作为自由水滞留在混凝土中。蒸发水外出的过程中会使混凝土形成空隙。因此，混凝土是固相、液相和气相组成的非均质体。

碳化是水泥石中的水化物与周围环境中的酸性物质反应，使混凝土的碱性降低的过程，这也称为混凝土的中性化。在一般大气环境下，酸性物质主要是指空气中的二氧化碳（$CO_2$）。室外空气中二氧化碳的浓度约为 $380 \times 10^{-6}$（0.038%），室内约为 $1\,000 \times 10^{-6}$（0.1%）。在有水的参与下，碳化的化学反应过程见式(2-1)

~式(2-4)：

$$Ca(OH)_2 + CO_2 \xrightarrow{H_2O} CaCO_3 + 2H_2O \tag{2-1}$$

$$3CaO \cdot 2SiO_2 \cdot 3H_2O + 3CO_2 \xrightarrow{H_2O} 3CaCO_3 \cdot 2SiO_2 \cdot 3H_2O \tag{2-2}$$

$$3CaO \cdot SiO_2 + 3CO_2 + \gamma H_2O \longrightarrow SiO_2 \cdot \gamma H_2O + 3CaCO_3 \tag{2-3}$$

$$2CaO \cdot SiO_2 + 2CO_2 + \gamma H_2O \longrightarrow SiO_2 \cdot \gamma H_2O + 2CaCO_3 \tag{2-4}$$

碳化反应的进程可分为三个步骤，第一步是 $CO_2$ 气体融于混凝土孔隙中的水中形成碳酸，第二步是碳酸与混凝土的水化物质反应生成碳酸钙，第三步是氢氧化钙溶出以补充混凝土孔隙液相中的氢氧化钙浓度，具体过程见图 2-1。

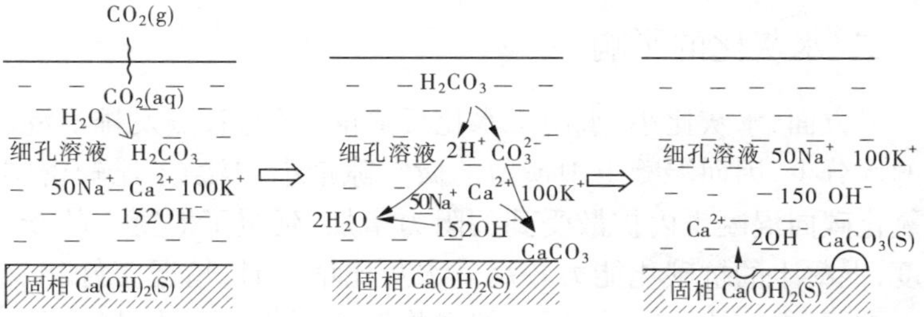


(1)孔隙溶液的组成与 $CO_2$ 气体的侵入　(2) $CaCO_3$ 形成　(3) $Ca(OH)_2$ 溶解

**图 2-1　混凝土碳化过程示意图**

# 第二节　影响碳化的因素

总的来讲，影响碳化的因素包括材料因素、施工因素及环境因素三大类。材料因素包括水泥品种、水泥用量、水灰比、掺合料、外加剂等,施工因素包括混凝土的养护方式、搅拌方式、振捣方式等,环境因素包括温度和湿度以及有害气体的成分、浓度等。

## 一、水泥品种、水泥用量的影响

不同的水泥其化学成分有一定差别,尤其是 CaO 的含量直接影响到混凝土水化物中氢氧化钙的含量。水泥中 CaO 的含量高,混凝土中的氢氧化钙含量就高,其吸收 $CO_2$ 的能力就大,也就需要更多的 $CO_2$ 来中和混凝土的碱性,因此其抗碳化能力就强。以矿渣水泥、普通硅酸盐水泥、早强水泥为例,三种水泥的 CaO 含量依次增加,相应混凝土的抗碳化能力就依次增强。再如某些高铝水泥、石膏矿渣水泥和矾土水泥由于碱度较低,抗碳化能力较差,因而在钢筋混凝土结构中使用受到限制。很容易理解,水泥用量减少时,混凝土中的氢氧化钙含量减少,其抗碳化能力也变差。

## 二、水灰比的影响

一方面,水灰比小,水用于水化反应的比例高,蒸发排出混凝土的水分少,因而混凝土中遗留的微空隙量小,混凝土比较密实,二氧化碳向混凝土内扩散受到的阻力增加,延缓了混凝土的碳化进度,混凝土的抗碳化能力较高。水灰比增大时,情况正好相反。另一方面,水灰比小时,混凝土拌和物要达到相同的流动度,就需要增加水泥用量(添加减水剂除外),这增加了混凝土中氢氧化钙的含量,也提高了混凝土的抗碳化能力。在其他条件相同的情况下,由于水灰比决定混凝土的强度,因此水灰比越小,混凝土强度越高,碳化速度就越小。

## 三、掺合料的影响

掺合料的掺入方式有内掺法和外掺法及部分内、外掺三种。

内掺法是等量替代水泥的用量，外掺法是不减少水泥的用量，而等体积减少砂子，部分内、外掺是部分替代水泥，部分替代砂子。内掺及部分内、外掺时，水泥用量减少，降低了氢氧化钙的含量，另外由于掺合料的火山灰效应要消耗一部分混凝土中的氢氧化钙，因此不论何种掺法，都会减少氢氧化钙的含量，降低混凝土的 pH 值，影响混凝土的抗碳化能力。

日本的八尾和长崎对粉煤灰混凝土做了快速碳化试验（7% $CO_2$，40 ℃，50% *RH*）和自然碳化试验，得到以下结论：

（1）在快速试验时，碳化深度与暴露存放时间的平方根成正比，与混凝土的配合比及原来的养护条件无关。

（2）粉煤灰混凝土的碳化系数，受粉煤灰掺量的影响比最初养护条件的影响大。

（3）随着粉煤灰代替水泥用量的增加及含气量的增加，碳化系数增大。

（4）在快速试验与自然碳化试验条件下，碳化深度与混凝土 28 d 龄期强度有关。

（5）自然条件下的碳化深度，可以通过快速碳化试验的经验方程预测。

O. Vennesland 和 O. E. Gjorv 研究了掺硅粉（SF）混凝土的碳化性能，认为掺硅粉稍微降低了碳化深度，如果早期养护不好，还会增加碳化深度。

不同掺合料对混凝土抗碳化能力的影响是不一样的，以表 2-1 中的粉煤灰与矿粉相比，在水胶比和掺量相同时，单掺矿粉混凝土的抗碳化能力最好，同时掺矿粉和粉煤灰次之，单掺粉煤灰的最差。原因是矿粉的比表面积比粉煤灰的大，颗粒组成更细，它的微集料充填效果更好，可以充分改善水泥石中的孔隙结构，增强混凝土的抗渗性，阻止酸性气体的侵入，因而抗碳化能力较高。

表 2-1　水泥和掺合料的物理性质

| 材料 | 密度 ($g/cm^3$) | 比表面积 ($m^2/kg$) | 筛余量(%) | | 需水比 (%) |
| --- | --- | --- | --- | --- | --- |
| | | | 80 μm | 45 μm | |
| 水泥 | 3.10 | 356 | 0.6 | — | 100 |
| 粉煤灰(Ⅰ级) | 2.33 | 360 | — | 1.8 | 93 |
| 矿粉 | 2.86 | 497 | — | 1.4 | 99 |

但是,也有观点认为,当掺合料纯外掺时,由于水泥用量不会减少,而粉煤灰中的活性物质在发生水化反应时会生成较多的硅胶和铝胶,填充了一部分孔隙,提高了混凝土的密实度,抵消了二次水化反应对碱储备降低造成的负面作用,因此混凝土的抗碳化能力总体上是提高的。

四、外加剂的影响

不同品种的外加剂对混凝土的抗碳化能力有不同的作用。一般情况下,混凝土外加剂都兼有减水和引气的作用,减水作用降低了水灰比,增加了混凝土的抗碳化能力;引气作用会增加混凝土的孔隙含量,且由它形成的孔隙孔径一般都大于1 000 Å,加剧了 $CO_2$ 气体向混凝土内部的扩散,导致碳化速度加快。因此,必须综合考虑才能确定外加剂对混凝土抗碳化的作用。梅国兴等对10个品种的外加剂进行了同配合比的混凝土碳化试验,试验中外加剂混凝土一律比基准混凝土减水10%,水灰比保持不变,试验结果列于图2-2。与未掺外加剂的混凝土相比,FDN、UNF-5 和 UNF-2 三种外加剂属消气型的外加剂,可增加混凝土的密实性,提高混凝土的抗碳化能力。其余几种外加剂都具有引气作用,虽然可以改善混凝土的孔隙结构,但气泡本身对 $CO_2$ 气体的扩散阻力很小,综合的结果还是降低了混凝土的抗碳化能力。

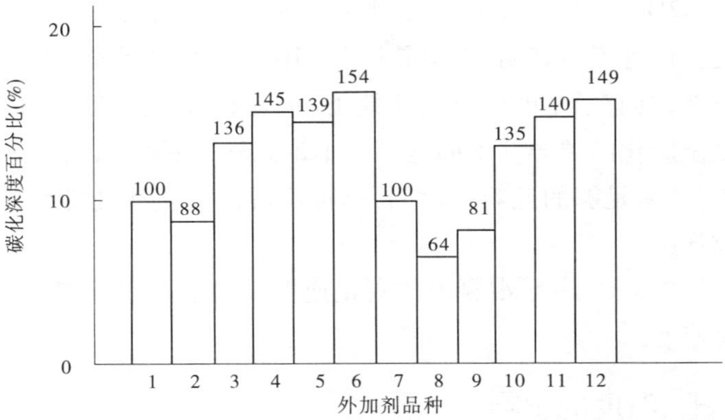


1—基准;2—FDN;3—木钙;4—NC;5—MF;6—AE;7—基准;
8—UNF-5;9—UNF-2;10—$DH_3$;11—SN-Ⅱ;12—AF

**图 2-2 外加剂对混凝土碳化的影响**

## 五、骨料品种的影响

骨料的品种不同,其内部孔隙结构差别很大,直接影响混凝土的密实性。在混凝土强度相同的情况下,普通混凝土的抗碳化性能最好,在同等条件下其碳化速度约为轻砂天然轻骨料混凝土的 0. 56 倍。

## 六、养护方式的影响

养护方式对混凝土硬化体的孔隙率有很大影响。水养护与空气养护相比,可以提高混凝土的强度,降低孔隙率,提高抗碳化性。有资料表明,配合比为石: 砂: 普通波特兰水泥: 水 =2. 04: 3. 06: 1. 00: 0. 70 的混凝土,进行不同的养护后,在碳化箱中进行 29 d 的碳化,结果先在水中养护 1 d、3 d、5 d、7 d 和 28 d,再在空气中养护至 28 d 混凝土的碳化速度,分别是在空气中养护 28 d 的 66% 、

53%、42%、39%和17%，延长水养护时间可以降低混凝土的碳化速度。也有资料表明，潮湿养护7～10 d的普通混凝土发育已基本成熟，具有了足够的抗碳化能力，再延长湿养护至20 d、30 d，混凝土碳化的差异并不明显。但不论怎样，加强混凝土结构的湿养护，并有足够的湿养护时间，是提高混凝土抗碳化能力的一条有效途径。

另外，蒸汽养护混凝土的碳化速度要快于自然养护混凝土的碳化速度。

## 七、温度的影响

碳化作为一种化学反应过程与一般的化学反应有相似之处，温度升高将加速 $CO_2$ 气体向混凝土中的扩散，提高反应速度，加速碳化。但是过高的温度也将导致 $CO_2$ 在水中的溶解度降低，延缓碳化速度。有资料表明，保持65%的相对湿度和50%的 $CO_2$ 浓度，碳化5 d时间，温度从22 ℃提高到42 ℃时，碳化深度从17 mm加深到21 mm，碳化深度提高了23.5%。因此，有学者认为，在此湿度下，由于混凝土扩散受 $CO_2$ 扩散控制，故对温度变化不敏感。也有学者认为，温度变化（20～40 ℃）对碳化速率的影响没有 $CO_2$ 浓度影响明显。但是也有相反的研究结果，如新加坡地区常年气温偏高（日平均温度约为27 ℃），而欧洲地区的日平均温度仅为8～9 ℃（相差近20 ℃），相同的时间、相似的混凝土建筑物在新加坡的碳化深度要比在欧洲地区明显增大。C. H－阿列克西耶夫的研究表明，当空气相对湿度为75%，温度从22 ℃提高到40 ℃时，碳化将大大加速；若温度继续升高，则整个碳化过程将更为剧烈。因此，目前温度变化对混凝土碳化的影响各国学者看法尚不统一。

## 八、湿度的影响

$CO_2$ 气体和水结合形成碳酸是碳化的一个前提条件。当混凝土比较干燥时，缺少生成碳酸的水分，混凝土碳化较慢。如果混凝土含水量过大，碳化反应放出的水无法释放，会阻止 $CO_2$ 气体向混凝土深处继续扩散，同样将降低碳化速度。大量的资料表明，水下饱和状态的混凝土很少碳化，水位变动区的混凝土处于干湿交替状态，碳化发展的程度最严重，相比而言，水上部结构混凝土的碳化程度就轻一些。据分析，相对湿度在 50% ~70% 时，碳化的速度较快。希腊学者 Papadakis 通过试验得出相对湿度 $RH$ 和有效扩散系数 $D_e$ 的关系，见图 2-3 和式(2-5)。

$$\sqrt{D_e} = \beta\varepsilon_p[1-(RH/100)] \quad (RH > 50\%) \tag{2-5}$$

式中　$\beta = (1.2 \pm 0.1) \times 10^{-3}\ \mathrm{m/s^{1/2}}$；

$D_e$——$CO_2$ 气体在混凝土孔隙中的有效扩散系数；

$\varepsilon_p$——混凝土孔隙率。

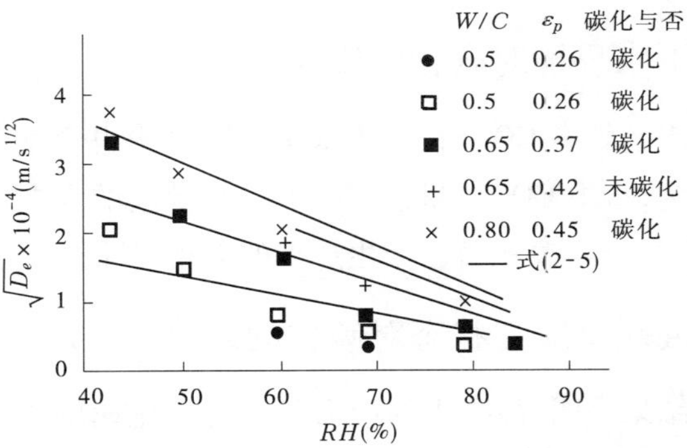


图 2-3　环境相对湿度 $RH$ 对 $D_e$ 的影响

## 九、有害气体的成分、浓度的影响

现实中混凝土结构所处的使用环境相差很大，民用建筑、交通道桥面临的有害气体一般为 $CO_2$，而工业厂房遭受的有害气体就不止 $CO_2$，还有不同的硫化物及其他酸性气体，混凝土会遭受多种因素的综合作用，碳化情况比较复杂，碳化程度也更严重。有害气体浓度的影响可用 Fick 第一扩散定律说明，Fick 第一扩散定律总结了气体向混凝土中的扩散规律，以 $CO_2$ 气体为例，其表达式见式(2-6)：

$$\frac{\mathrm{d}N}{\mathrm{d}t} = -D_e S\frac{\partial n}{\partial x} \tag{2-6}$$

式中 $\frac{\mathrm{d}N}{\mathrm{d}t}$——单位时间内通过面积 $S$ 的 $CO_2$ 气体分子数；

$\frac{\partial n}{\partial x}$——$CO_2$ 气体的浓度梯度。

由此可见，$CO_2$ 气体在混凝土中的扩散速度主要受扩散系数和浓度梯度的影响。

## 十、地下水环境对碳化的影响

当地下水溶解有 $CO_2$ 时，处于水中的混凝土也会发生碳化反应。一般认为，水中 $CO_2$ 含量达 $20\times10^{-6}$ 或流动的水中 $CO_2$ 的含量达 $10\times10^{-6}$ 时，混凝土就会产生严重的碳化侵蚀。

## 十一、混凝土应力状态对碳化的影响

有试验结果表明，混凝土的应力状态对碳化速度有影响。混凝土受荷后，应力会改变混凝土内部细微裂缝的状态，拉应力使细微裂缝增多和扩展，有利于 $CO_2$ 气体的渗入，加快混凝土的碳化速度。压应力可促进细微裂缝的闭合，增加 $CO_2$ 气体渗入的阻力,减缓混凝土的碳化速度,但是过大的压应力也会使细微裂缝增多和扩展,加速混凝土的碳化。试验结果表明,当压力 $f$ 不超过 $0.7f_c$($f_c$ 为混凝土的抗碳化强度)时,压应力对碳化起延缓作用;压应力为 $0.7f_c$ 时的碳化深度与无压应力时相当;当压应力超过 $0.7f_c$ 时,会使碳化速度加快。一般情况下,应力程度越高,混凝土碳化受到的影响越显著。

# 第三节　碳化区的结构

## 一、碳化区的划分

碳化发生后,由于氢氧化钙被消耗,碳化混凝土的 pH 值要降低,pH 值的分布规律是由混凝土表面到内部逐渐增加的。一般碳化区可分为完全碳化区(pH = 7)和部分碳化区(7 < pH < 12.5)。蒋利学、张誉认为,从研究钢筋锈蚀的角度考虑,以 9 < pH < 11.5 作为部分碳化区的划分标准比较合适,并采用希腊学者 Papadakis 的碳化模型计算了部分碳化区的长度,分析了影响部分碳化区的因素。主要结论为:①部分碳化产生的原因是碳化反应速度落后于 $CO_2$ 的扩散速度。②环境相对湿度较高时,部分碳化区长度可忽略不计,在低湿度条件下部分碳化现象十分明显。③在低湿度条件下,水灰比对部分碳化区长度有较大影响,部分碳化区长度随水灰比增大而增大;湿度较高时,水灰比较大的变化也仅会产生很小的部分碳化区。④在低湿度条件下,水泥用量对部分碳化区长度有一定影响,水泥用量越大部分碳化区长度越小;湿度较高时,水泥用量较大的变化也仅会产生很小的部分碳化区。⑤$CO_2$ 的浓度和碳化时间基本上不影响部分碳化区的长度。

## 二、碳化区的物质构成

### (一)pH 值与氢氧化钙

从碳化反应的化学过程看,碳化就是二氧化碳气体入侵,混凝土中氢氧化钙含量减少,碳酸钙含量增加,pH 值降低的过程。pH 值与氢氧化钙的关系见式(2-7):

$$pH = 14 + \lg(4.32 \times 10^{-2}[Ca(OH)_2]/[Ca(OH)_2]^0) \tag{2-7}$$

式中　$[Ca(OH)_2]$——碳化混凝土中氢氧化钙的摩尔浓度,$mol/m^3$;

$[Ca(OH)_2]^0$——未碳化混凝土中氢氧化钙的摩尔浓度,$mol/m^3$。

希腊学者 Papadakis 建立的碳化模型探讨了碳化区二氧化碳浓度、氢氧化钙浓度及 pH 值的变化规律。具体的化学反应方程见式(2-8)~式(2-10):

$$\frac{\partial}{\partial x}\left(D_e \frac{[CO_2]}{\partial x}\right) = [CO_2](K_{CH}[Ca(OH)_2] + 3K_{CSH}[CSH]) \tag{2-8}$$

$$\frac{\partial}{\partial t}[Ca(OH)_2] = -K_{CH}[Ca(OH)_2] \cdot [CO_2] \tag{2-9}$$

$$\frac{\partial}{\partial t}[CSH] = -K_{CSH}[CSH] \cdot [CO_2] \tag{2-10}$$

式中　$x$——碳化区某点至混凝土表面的距离,m;

$t$——碳化时间,s;

$D_e$——$CO_2$ 气体在混凝土孔隙中的有效扩散系数,$m^2/s$;

$[CO_2]$、$[Ca(OH)_2]$、$[CSH]$——混凝土中二氧化碳、氢氧化钙、水化硅酸钙的摩尔浓度,$mol/m^3$;

$K_{CH}$、$K_{CSH}$——氢氧化钙与水化硅酸钙的碳化反应速率常数，$m^3/(mol \cdot s)$。

上述三个偏微分方程组的边界条件为：

在 $x=0$ 处，　$[CO_2]=[CO_2]^0$

在构件中轴处，　$\frac{\partial[CO_2]}{\partial x}=0$

初始条件为：

$t=0$ 时，

$$[CO_2]=0$$

$$[Ca(OH)_2]=[Ca(OH)_2]^0$$

$$[CSH]=[CSH]^0$$

式中　$[CO_2]^0$——环境中 $CO_2$ 的摩尔浓度，$mol/m^3$；

$[Ca(OH)_2]^0$、$[CSH]^0$——未碳化混凝土中氢氧化钙、水化硅酸钙的摩尔浓度，$mol/m^3$。

蒋利学用差分方法对上述偏微分方程进行了求解，编制了计算程序。取水灰比为 0.5，硅酸盐水泥用量 400 $kg/m^3$，$CO_2$ 浓度 0.03%，相对湿度 $RH$ 分别为 50%、60%、70%、80%，计算了碳化时间 100 a 时混凝土中的 pH 值和 $CO_2$ 相对浓度（混凝土中 $CO_2$ 的实际浓度与环境中 $CO_2$ 浓度的比值）。

pH 值的非线性长度也即部分碳化区的长度，它与整个碳化区长度的比率随环境湿度的下降而增大，当相对湿度大于 70% 时，部分碳化区长度很小（见图 2-4）。

在混凝土的浅层，$CO_2$ 的相对浓度呈线性分布，随着深度的增加，$CO_2$ 的相对浓度以非线性规律衰减至 0，且环境湿度越小，非线性程度越明显。当环境湿度大于 70% 时，$CO_2$ 相对浓度的分布基本上是线性的（见图 2-5）。

**（二）氢氧化钙与碳酸钙**

碳化混凝土的 X 射线衍射结果表明，距混凝土表面越近，

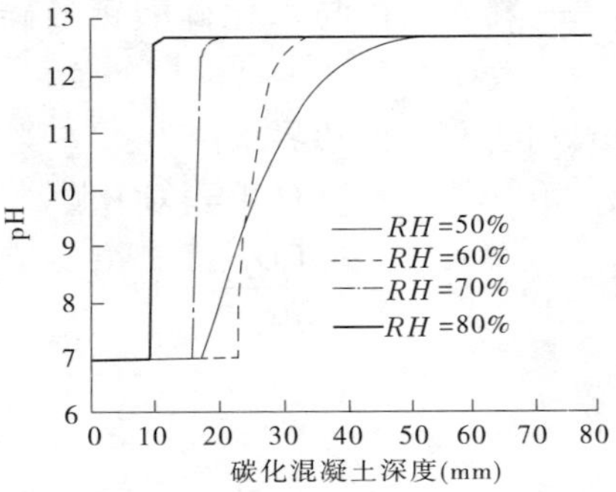


**图 2-4　pH 值在碳化混凝土中的分布**

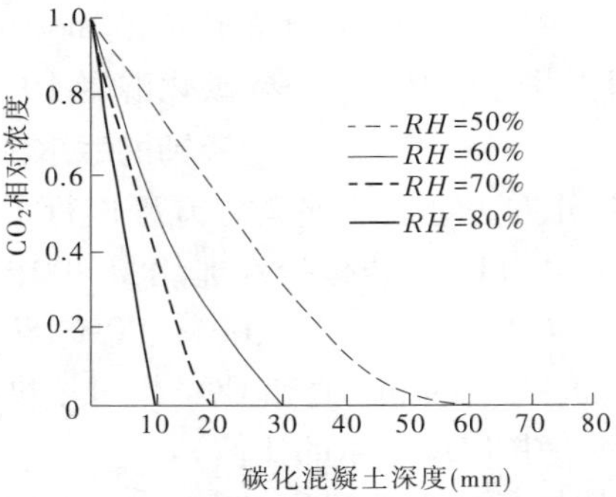


**图 2-5　$CO_2$ 相对浓度在碳化混凝土中的分布**

$CaCO_3$ 的衍射强度越高，说明 $CaCO_3$ 的含量越高；相反，距混凝土表面越近，$Ca(OH)_2$ 的衍射强度越低，说明 $Ca(OH)_2$ 的含量越低。在某一个位置二者的衍射强度达到相同，存在一个交叉点。在交叉点两侧一定范围内为 $CaCO_3$ 和 $Ca(OH)_2$ 的并存区，也即混凝土的部分碳化区（见图 2-6）。

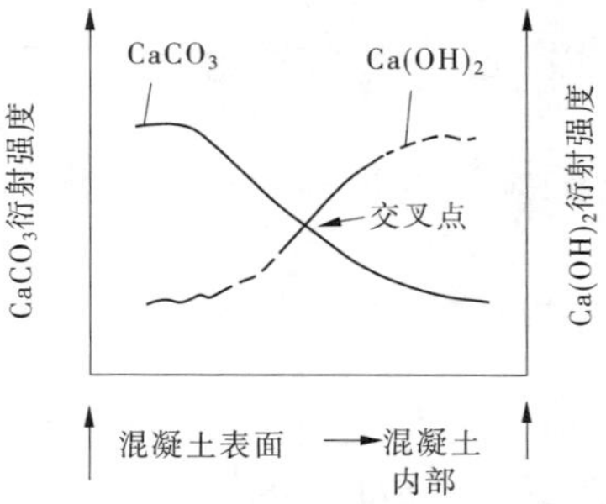


图 2-6　碳化混凝土 X 衍射试验结果示意图

## 参考文献


[1] 杨静. 混凝土的碳化机理及其影响因素[J]. 混凝土,1995. 6:23 – 28.

[2] 冯乃谦,邢锋. 高性能混凝土技术[M],北京:原子能出版社,2000.

[3] 刘斯凤. 生态混凝土的抗碳化效应及其机理研究[J]. 三峡大学学报(自然科学版),2003. 2:18 – 21.

[4] 蒋利学,张誉. 混凝土部分碳化区长度的分析与计算[J]. 工业建筑,1999. 1:4 – 7.

[5] 蒋利学. 混凝土碳化区物质含量变化规律的数值分析[J]. 工程力学(增刊),1997.

[6] Vagelis G Papadakis, Michael N Fardis, Costas G. Vagenas. Hydration and Carbonation of Pozzolanic Cements[J]. ACI Materials Journal, 1992, 89(2):119 – 130.

[7] Roy s k, Beng P k, Northwood Do. The Carbonation of Concrete Structures in the Tropical Environment of Singapore and a Comparison with Published Data for Temperate Climate [J]. Magazine of Concrete Research, 1996, 48(177):293 – 300.

[8] Vennesland O and Gjorv O E. Silica Concrete – Protection Corrosion of Embeded Steel, Proc. First Int. Conf. on the Use of Fly Ash, Silica Fume, Slag, and Other Mineral By – Products in Concrete. Montebello,

(Ed. V. M. Malhotra), ACI SP – 79,2:719 – 729.

[9] 龚洛书,柳春圃. 混凝土的耐久性及其修补[M]. 北京:中国建筑工业出版社,1990.

[10] 李检保. 砼碳化及其碳化后力学性能试验与分析[D]. 同济大学. 1997,12.

[11] 周新刚. 混凝土结构的耐久性与损伤防治[M]. 北京:中国建材工业出版社, 1999.

[12] 涂永明,吕志涛. 应力状态下混凝土的碳化试验研究[J]. 东南大学学报(自然科学版),2003,9:573 – 576.

[13] 袁承斌,张德峰,刘荣桂,等. 混凝土在不同应力状态下的碳化[J]. 建筑结构,2004,4.

# 第三章　碳化的检测与分布

## 第一节　碳化深度的检测

### 一、酚酞检测方法

未碳化混凝土呈强碱性，pH 值为 12 ~ 13；完全碳化混凝土呈中性，pH 值等于 7，因此可以利用酚酞遇碱变红的特点，测出碳化混凝土的深度。

酚酞是邻苯二酸酐和苯酚的混合物与硫酸共热制成的，为白色或微黄色结晶状粉末，比重为 1.277，熔点为 257 ~ 259 ℃，能溶于酒精、乙醚中。检测碳化深度常用的试剂为 1% 的酚酞酒精溶液，即取 95% 的酒精 90 ml，放入 1 g 酚酞，再加入蒸馏水至 100 ml 即可。具体的检测方法将根据混凝土所处的情况不同而不同。

**（一）室内碳化试件深度的测量**

在实验室内，可用压力试验机将碳化试件劈开，将酚酞试剂喷于劈裂面上，用直尺或卡尺测量未变色混凝土区的深度，求平均值即可，测试部位见图 3-1。如果碳化试验的方法不同，碳化面数量有变化，可根据情况分别测量三个面、两个面，甚至一个面的碳化深度求其平均值。

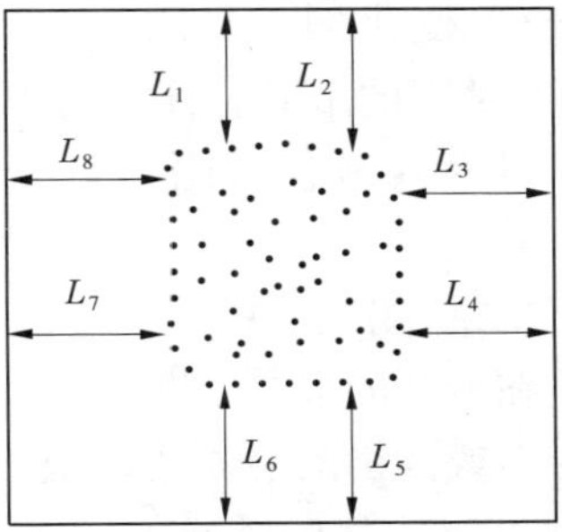


**图 3-1　室内试件碳化深度的测量方法**

### (二)工程中混凝土碳化深度的检测

工程中混凝土构件的碳化检测可根据工具情况灵活掌握。一般可选用电锤对测点处的混凝土打孔,用气囊清除孔内粉末,用小型喷雾器或滴管向孔壁喷洒酚酞试剂(1%浓度的酚酞酒精溶液),如果未见混凝土变红,则继续增加孔深,如果出现混凝土变红,即可用游标卡尺测量未变红的孔壁长度,一般应沿孔壁的不同部位测试3~4次,算出平均值,即为该点混凝土的碳化深度。当碳化深度较大,孔内可见度较差不便观测测量时,可用手电筒照射,也可采用大直径的钻头,增加钻孔的孔径,直至满足观测测量的要求为止。实际检测中,也可将钻孔深度逐步加深,每步都用酚酞试剂滴在钻出的混凝土粉末上,如果发现粉末变红,则再按上述方法测量碳化深度。

## 二、彩虹试验方法

### (一)测试原理

RI-8000彩虹指示剂(见图3-2)是彩虹试验法采用的主要试剂,其原理是根据混凝土显示的颜色不同来反映混凝土pH值的变化,其中红、黄、绿、紫、蓝对应的pH值分别为5、7、9、11、13(颜色对比如图3-3所示)。

图3-2　RI-8000彩虹指示剂

### (二)测试方法

在劈开的混凝土断面上、切开的混凝土截面上、钻取的混凝土芯样上或凿出的混凝土孔洞内喷上彩虹指示剂,等试剂变干(等待时间一般为1~5 min),混凝土显示的颜色稳定之后,用钢尺或游标卡尺测试各种颜色的长度。对于劈开的混凝土试件,应在劈

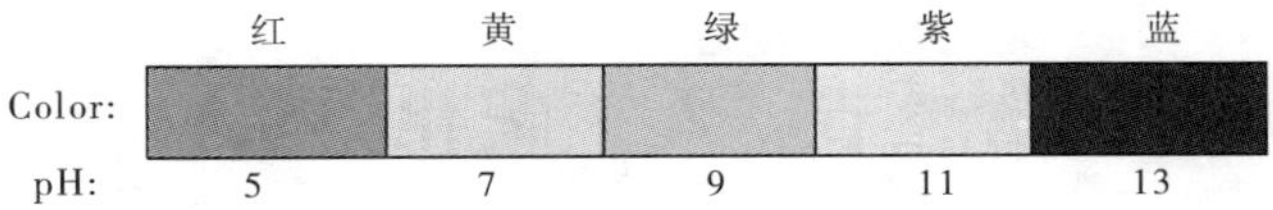


图 3-3 彩虹指示剂的颜色对比图

开后用毛刷或皮老虎清扫表面,然后喷上指示剂,一般劈开后放置时间不应超过 1 h,以免劈开面与空气接触而表面开始微量碳化,影响测试结果。对于切割机切出的截面或钻取的芯样,一般在切与钻的过程均使用了水,故应等到断面或芯样晾干之后再喷上指示剂,待指示剂颜色稳定后开始测量。对于凿出的孔洞,一般用游标卡尺量各颜色区段长度。

**(三)测试实例**

图 3-4 分别为水灰比为 0.44、0.58 的混凝土试件经碳化后使用彩虹指示剂测试的图片。可以看出,试件从外向内依次显示黄(伴随着红色)、绿、零星紫、浅蓝等颜色,其所对应的 pH 值分别为 5～7、9、11、12～13。另外,可以看出水灰比较小的左图相对于水灰比较大的右图碳化部分所显示出来的 pH 值偏高,这主要是由于水灰比越大,孔隙率越大,碳化反应进行得越充分,碳化部分就更多地显示出酸性。

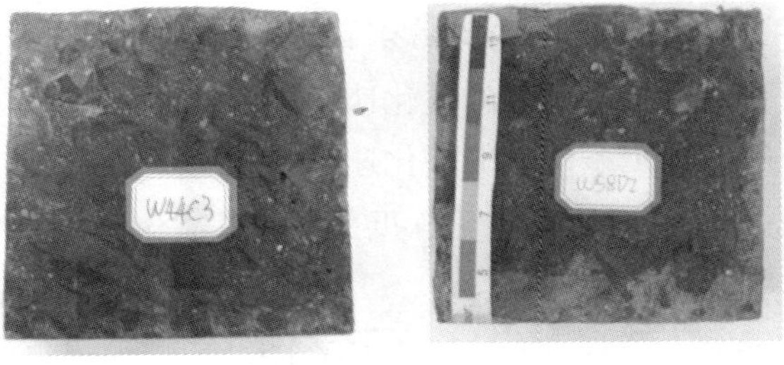


图 3-4 不同水灰比混凝土彩虹指示剂测试实例

## 第二节　人工碳化方法

混凝土在自然环境下碳化速度相当缓慢，给碳化混凝土性能方面的研究带来很大困难，因此建立室内人工快速碳化的方法非常必要。室外自然条件下，混凝土碳化的同时也遭受风吹雨淋，混凝土内部物质会溶出流失，与人工快速碳化混凝土相比内部孔结构存在一些差别，这样人工快速碳化混凝土能否真实反映自然环境下混凝土碳化的情况就非常重要。日本铃川谕一的研究结果认为，混凝土在室外自然碳化 20 a 后，总孔隙率增加，且主要是孔径小于 1 000 Å 的孔增加，而孔径大于 1 000 Å 的孔含量基本不变。由于自然或人工条件下，混凝土碳化后孔径大于 1 000 Å 的孔含量均未变化，而 $CO_2$ 气体分子的有效扩散系数 $D_e$ 只与混凝土内部孔径大于 1 000 Å 的孔有关，并且碳化对这部分孔隙没有影响，即 $CO_2$ 气体在混凝土中的扩散不受碳化的影响，只与水泥水化程度有关，同时，单位体积混凝土中水泥水化产生的可碳化物质含量是相同的，所以混凝土人工碳化和自然碳化的机理基本相同。张令茂通过在人工条件和自然条件下混凝土碳化的对比试验，得出了如下关系：

$$w_n = 0.096\,9 + 0.025\,2w_a \tag{3-1}$$

式中　$w_n$——自然环境下的碳化速率系数；

　　　$w_a$——人工条件下的碳化速率系数。

一般认为，混凝土的碳化深度（$L$）与二氧化碳浓度（$[CO_2]^0$）的平方根近似成正比，即

$$\frac{L_1}{L_2} = \frac{\sqrt{[CO_2]_1^0 t_1}}{\sqrt{[CO_2]_2^0 t_2}} \tag{3-2}$$

因此，普通混凝土长期性能和耐久性能试验方法 GBJ 82—85

规定:在标准条件(即 $CO_2$ 气体浓度为(20 ±3)%,温度为(20 ±5) ℃,湿度为(70 ±5)%)下,混凝土 28 d 的碳化深度大约相当于自然条件下 50 a 的碳化深度(室外空气中二氧化碳的浓度约为 $300 \times 10^{-6}$(0.03%))。人工碳化试验注意事项及试验步骤如下:

(1)碳化试验应采用棱柱体混凝土试件,以三块为一组,试件的最小边长应符合表 3-1 的要求。棱柱体的高宽比应不小于 3,无棱柱体试件时,也可用立方体试件代替,但其数量应相应增加。

**表 3-1　碳化试验试件尺寸选用表**

| 试件最小边长(mm) | 100 | 150 | 200 |
| --- | --- | --- | --- |
| 骨料最大粒径(mm) | 30 | 40 | 60 |

试件一般应在 28 d 龄期进行碳化,采用掺合料的混凝土可根据其特性决定碳化前的养护龄期。碳化试验的试件宜采用标准养护,但应在试验前 2 d 从标准养护室取出,然后在 60 ℃温度下烘 48 h。经烘干处理后的试件,除留下一个或相对的两个侧面外,其余表面应用加热的石蜡予以密封。在侧面上顺长度方向用铅笔以 10 mm 间距画出平行线,以预定碳化深度的测量点。

(2)混凝土碳化试验所用设备应符合下列规定(见图 3-5):①碳化箱是带有密封盖的密闭容器,容器的容积至少应为预定进行试验的试件体积的 2 倍。箱内应有架空试件的铁架、二氧化碳引入口、分析取样用的气体引出口、箱内气体对流循环装置、温湿度测量计以及为保持箱内恒温恒湿所需的设施。必要时,可设玻璃观察口以对箱内的温湿度进行读数。②气体分析仪应能分析箱内气体中的二氧化碳浓度,精确到 1%。③二氧化碳供气装置包括气瓶、压力表及流量计。

(3)混凝土碳化试验应按下列步骤进行:①将经过处理的试件放入碳化箱内的铁架上,各试件经受碳化的表面之间的距离应

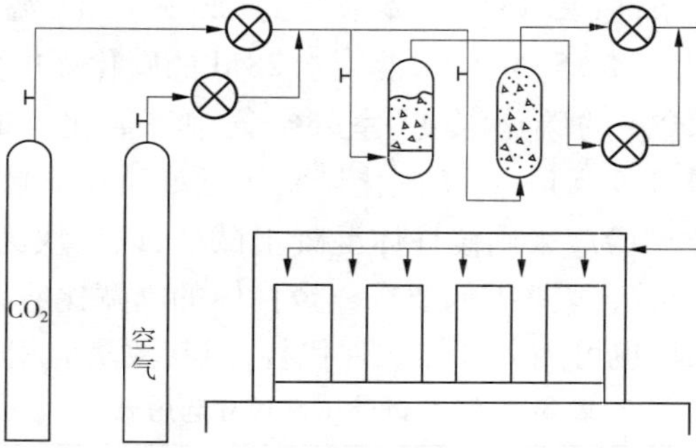


图 3-5　碳化试验装置示意图

不小于 50 mm。②将碳化箱盖严密封。密封可采用机械办法或油封,但不得采用水封,以免影响箱内的湿度调节。开动箱内气体对流装置,徐徐充入二氧化碳,并测定箱内的二氧化碳浓度,逐步调节二氧化碳的流量,使箱内的二氧化碳浓度保持在(20 ± 3)%。在整个试验期间可用去湿装置或放入硅胶,使箱内的相对湿度控制在(70 ±5)%。碳化试验应在(20 ±5) ℃的温度下进行。③每隔一定时间对箱内的二氧化碳浓度、温度及湿度做一次测定。一般在第一、二天每隔 2 h 测定一次,以后每隔 4 h 测定一次,并根据所测得的二氧化碳浓度随时调节其流量。去湿用的硅胶应经常更换。④碳化到了 3 d、7 d、14 d 及 28 d 时,取出试件,破型以测定其碳化深度。棱柱体试件在压力试验机上用劈裂法从一端开始破型。每次切除的厚度约为试件宽度的一半,用石蜡将破型后试件的切断面封好,再放入箱内继续碳化,直到下一个试验期。如采用立方体试件,则在试件中部劈开。立方体试件只做一次检验,劈开后不再放回碳化箱重复使用。⑤将切除所得的试件部分刮去断面上残存的粉末,随即喷上(或滴上)浓度为 1% 的酚酞酒精溶液(含20% 的蒸馏水)。经 30 s 后,按原先标划的每 10 mm 一个测量点用钢板尺分别测出两侧面各点的碳化深度。如果测点处的碳化分界线上刚好嵌有粗骨料颗粒，则可取该颗粒两侧处碳化深度的平均值作为该点的深度值。碳化深度测量精确至 1 mm。

（4）将各试验龄期时测到的碳化深度进行算术平均，得到各龄期时的平均碳化深度，计算应精确到 0.1 mm。以在标准条件下 3 个试件碳化 28 d 的碳化深度平均值作为供相互对比用的混凝土碳化值，以此值来对比各种混凝土的抗碳化能力及对钢筋的保护作用。以各龄期计算所得的碳化深度绘制碳化时间与碳化深度的关系曲线，以表示在该条件下的混凝土碳化发展规律。

（5）参照上述方法可对混凝土或钢筋混凝土试件进行碳化研究，也可通过控制二氧化碳浓度、湿度、温度及碳化时间进行不同目的的试验研究。

# 第三节　结构中的碳化分布

工程结构中混凝土碳化受到多种因素的影响，碳化深度表现出很大的随机性，因而如何正确评价碳化程度及其分布特征，是研究混凝土结构碳化失效概率，评价混凝土结构耐久性的一个重要内容。大量的工作表明，工程结构中的混凝土碳化可以表达为式（3-3）：

$$L = wt^{\lambda} \tag{3-3}$$

式中　$L$——混凝土碳化深度，mm；

$w$——碳化速度系数；

$t$——混凝土碳化时间，a；

$\lambda$——碳化指数。

## 一、碳化速度系数的概率模型

碳化速度系数是表征碳化快慢的一个综合系数。与影响碳化深度的因素一样，是材料因素、施工因素及环境因素的函数，了解其分布有助于对碳化深度分布的认识。下面是作者和高丹盈在此方面所做的研究。

黄河下游的豆腐窝分洪闸建于1974年，设计使用期为30 a。该闸共有7孔，每孔闸宽20 m，设计过闸流量2 000 $m^3/s$，属开敞式结构的大型分洪闸。分洪闸工作桥大梁为钢筋混凝土结构，共有14根。每根大梁长21.95 m，宽0.3 m，高2 m，混凝土设计强度等级为C25，箍筋混凝土保护层厚20 mm。大梁预制施工在1972年12月，施工时掺入了氯化钙作为防冻剂。该闸投入使用不足20 a时，大梁混凝土碳化及钢筋锈蚀就已比较严重，梁表面混凝土裂缝密布，且在严重的顺筋裂缝处，还有混凝土大片脱落，大梁老化现象严重。1994年对部分大梁进行了全面的质量检测。

工作桥同批6个大梁中的混凝土碳化深度抽测值共计71个，令式(3-3)中的$\lambda=0.5$，反算出每个点的碳化速度系数，其样本均值为3.69 mm/a，样本标准差为1.41 mm/a。采用皮尔逊$\chi^2$准则检验上述混凝土碳化速度系数是否符合正态分布。将71个混凝土碳化速度系数数据按大小值排列以后分组见表3-2。

**表3-2　混凝土碳化速度系数按大小值排序后的分组**

| 序号 | 分组间隔(mm/a) | 频数$f_i^*$ |
|---|---|---|
| 1 | $-\infty$ ~2.60 | 19 |
| 2 | 2.60 ~3.65 | 19 |
| 3 | 3.65 ~4.78 | 16 |
| 4 | 4.78 ~ $+\infty$ | 17 |

由式(3-4)计算表3-2中各组的概率$p_i$，计算结果见表3-3。

$$F_0(x)=\int_{-\infty}^{\frac{x-3.69}{1.41}}\frac{1}{\sqrt{2\pi}}e^{-\frac{\mu^2}{2}}d\mu \tag{3-4}$$

**表 3-3　各组的概率 $p_i$ 计算值**

| 序号 | $b_i$ | $F_0(b_i)$ | $p_i=(F_0)b_i-F_0(b_{i-1})$ |
|---|---|---|---|
| 1 | 2.60 | 0.220 6 | 0.220 6 |
| 2 | 3.65 | 0.488 0 | 0.267 4 |
| 3 | 4.78 | 0.779 4 | 0.291 4 |
| 4 | $+\infty$ | 1 | 0.220 6 |

这时,各组理论频数的最小值 $np_i=71\times0.220\,6=15.66>5$,故上述分组是合适的。然后由式(3-5)计算得到统计量 $\chi^2$ 的具体值 $\chi_0^2=1.89$:

$$\chi_0^2=\sum_{i=1}^{4}\frac{(f_i^*-np_i)^2}{np_i} \tag{3-5}$$

对给定检验水平 $\alpha=0.05$,自由度取 1 时的临界值 $\chi_{0.05}^2(1)=3.84$,由于 $\chi_0^2=1.89<3.84$,故可以确定该批检测得到的混凝土碳化速度系数值符合正态分布 $N(3.69\ \mathrm{mm/a},1.41^2\ \mathrm{mm/a})$。

高丹盈以河南省 17 个大型水闸钢筋混凝土碳化检测结果为依据,令式(3-3)中的 $\lambda=0.5$,反算出每个水闸的平均碳化速度系数 $\bar{w}$,结果见表 3-4。由于碳化数据都取自河南省境内的水闸,混凝土碳化所处的工作和气候条件基本相近,因此可以将表中的平均碳化速度系数作为来自于同一母体、服从同一概率分布的随机变量。假定它们分别服从正态分布、对数正态分布和极值 I 型分布后,采用柯尔莫哥洛夫检验法(简称 K－S 检验法)做了假设检验。在取 0.05 的置信度内,除对数正态分布外,没有理由拒绝服从正态分布和极值 I 型分布,其中正态分布的拟合度最好,其分布的概率密度如下:

表 3-4　河南省 17 处大型水闸混凝土碳化检测结果

| 水闸名称 | 运行时间(a) | 测点数(个) | 碳化深度(mm) | | 平均碳化速度系数 $\bar{w}$ (mm/a) |
|---|---|---|---|---|---|
| | | | 最大 | 平均 | |
| 玄武闸 | 15 | 117 | 80. 0 | 32. 7 | 8. 5 |
| 砖桥闸 | 11 | 57 | 34. 5 | 25. 4 | 7. 7 |
| 付桥闸 | 6 | 62 | 25. 8 | 15. 8 | 6. 5 |
| 槐店闸 | 27 | 99 | 62. 0 | 28. 7 | 5. 7 |
| 李坟闸 | 15 | 96 | 33. 0 | 20. 0 | 5. 3 |
| 东孙营闸 | 10 | 56 | 26. 0 | 16. 5 | 5. 2 |
| 双轮河闸 | 22 | 116 | 66. 0 | 21. 0 | 4. 5 |
| 逍遥闸 | 17 | 103 | 55. 0 | 16. 9 | 4. 1 |
| 娄堤闸 | 11 | 40 | 56. 9 | 12. 9 | 3. 9 |
| 化行闸 | 14 | 49 | 39. 5 | 13. 8 | 3. 6 |
| 马湾进水闸 | 33 | 43 | 57. 0 | 20. 1 | 3. 5 |
| 大陈闸 | 14 | 101 | 30. 0 | 12. 8 | 3. 4 |
| 马湾拦河闸 | 29 | 48 | 52. 0 | 14. 9 | 2. 8 |
| 沙河大闸 | 27 | 182 | 30. 5 | 7. 1 | 1. 7 |
| 黄桥闸 | 10 | 70 | 9. 7 | 25 | 0. 8 |
| 周口闸 | 14 | 66 | 18. 0 | 3. 3 | 0. 8 |
| 何坞闸 | 14 | 72 | 16. 6 | 2. 3 | 0. 6 |

极值Ⅰ型分布函数

$$F(\bar{w})=\exp\left[-\exp\left(-\frac{\bar{w}-m}{\alpha}\right)\right]$$

式中　$\alpha=\dfrac{\hat{\sigma}}{1.2826}=\dfrac{5.375}{1.2826}\approx 4.191$；

$m=\hat{\mu}-0.5772\alpha=4.035-0.5772\times 4.191\approx 1.616$。

正态分布函数

$$F(\bar{w})=\Phi\left(\frac{\bar{w}-\hat{\mu}}{\hat{\sigma}}\right)=\Phi\left(\frac{\bar{w}-4.035}{5.375}\right)$$

## 二、碳化指数的概率模型

目前对式(3-3)中的碳化指数 $\lambda$ 一般取0.5，即认为混凝土的碳化深度与碳化时间的平方根成正比。金伟良经过研究对这一结论提出了不同看法，探讨了碳化指数 $\lambda$ 的概率分布特性。

他利用已有的碳化数据分析指出，碳化指数 $\lambda$ 不受水灰比、水泥用量、粉煤灰取代量、水泥品种、湿度及养护方法的影响，是服从同一个概率分布的随机变量。依据143组国内外碳化试验数据，计算出相应的 $\lambda$，根据 $\lambda$ 的分布直方图，假定它符合正态分布、对数正态分布和极值Ⅰ型分布，然后采用皮尔逊 $\chi^2$ 准则进行了检验。检验结果表明，在0.05置信度内，除极值Ⅰ型分布外，没有理由拒绝 $\lambda$ 服从正态分布和对数正态分布，其中对数正态分布的拟合程度最好，其分布函数如下。

正态分布函数

$$F(\lambda)=\Phi\left(\frac{\lambda-\hat{\mu}}{\hat{\sigma}}\right)=\Phi\left(\frac{\lambda-0.527}{0.0809}\right)$$

对数正态分布函数

$$F(\lambda)=\Phi\left(\frac{\ln\lambda-\hat{\mu}}{\hat{\sigma}}\right)=\Phi\left(\frac{\ln\lambda+0.652}{0.153}\right)$$

## 第四节　裂缝处的碳化分布

按是否允许出现裂缝,钢筋混凝土结构可以分为抗裂结构和限裂结构两大类。抗裂结构不允许混凝土出现裂缝,而限裂结构根据结构的使用功能、使用环境和受荷情况的不同,可以允许混凝土有一定宽度的裂缝存在。裂缝可引起钢筋的锈蚀,降低结构的耐久性,这可以分两种情况来考虑,一是穿缝钢筋直接暴露于腐蚀环境中,钢筋钝化膜破坏,钢筋锈蚀;二是裂缝未达到钢筋,剩余混凝土保护层碳化引起钢筋锈蚀,或是裂缝已穿过钢筋,腐蚀性气体进入裂缝,使裂缝两侧的混凝土发生碳化,扩展钢筋锈蚀的范围。裂缝内混凝土的碳化与无裂缝处混凝土的碳化相比,有相似的地方,也有不同的一面。

环境中的腐蚀性气体能否通过裂缝顺利进入混凝土,使缝内混凝土碳化,主要受裂缝宽度、裂缝内的沉积物和裂缝内的水分影响(见图 3-6)。裂缝宽度越大,腐蚀性气体越容易在裂缝内扩散,缝内混凝土越容易碳化。裂缝内的沉积物主要来源于环境中的灰尘、混凝土渗出碱的碳化物和锈蚀钢筋的铁锈物,其可渗性受沉积物密度和沉积物厚度的影响,是腐蚀性气体能否顺利通过,到达混凝土表面的关键,因此沉积物的可渗性差,腐蚀性气体通过时的阻力较大,裂缝内混凝土的碳化速度就较慢。混凝土受潮后,裂缝内的水分汽化速度比混凝土表面的要慢,缝内混凝土的湿度较大,腐蚀性气体向混凝土内的扩散系数相对较小,因此裂缝内如长期保持较高的湿度,缝内混凝土的碳化速度就较低。基于上述分析,裂缝内混凝土碳化的计算公式可以表达为

$$L = \sqrt{D_{cr} b \sqrt{\frac{4C_0 t}{D_c m_c}}} \tag{3-6}$$

式中　$L$——裂缝处混凝土的碳化深度;

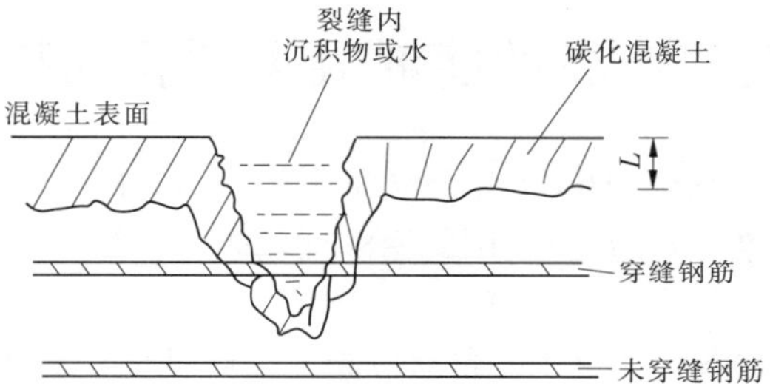


**图 3-6　裂缝处混凝土碳化示意图**

$D_{cr}$——裂缝内腐蚀性气体的扩散系数；

$b$——裂缝宽度；

$C_0$——混凝土表面处腐蚀性气体的浓度；

$t$——混凝土碳化时间；

$D_c$——腐蚀性气体在碳化混凝土中的有效扩散系数；

$m_c$——单位体积混凝土吸收腐蚀性气体的量。

试验和工程检测表明，裂缝处混凝土碳化的离散性较大，式(3-6)也难以准确描述，因此为便于应用，可将主要的影响因素单独列出，将其他因素综合归并，简化表达为

$$L = w_{cr}b^{1/2}t^{1/4} \tag{3-7}$$

式中　$w_{cr}$——裂缝处混凝土的碳化速度系数；

其他符号意义同上。

$w_{cr}$是表征裂缝处混凝土碳化快慢的一个综合系数，是材料因素、施工因素、环境因素及缝内沉积物可渗性的函数。

西安交通大学结构工程研究所对川黔线上已使用 34 a 的某桥梁裂缝处的混凝土碳化进行了研究，经对 100 个碳化速度系数 $w_{cr}$做皮尔逊 $\chi^2$ 检验和 K－S 检验，得出 $w_{cr}$ 服从正态分布 $N(42.59,12.28^2)$。

# 第五节　高性能混凝土碳化的特点

高性能混凝土（HPC）由于水泥用量较大，水灰比较小，掺合料的微集料堆积效应明显，因此密实度较高，抗渗、抗冻性较好，其抗碳化能力明显高于普通混凝土。

图 3-7 为不同水灰比的普通混凝土与高性能混凝土碳化深度的比较，高性能混凝土的碳化深度约为水灰比 $W/C=0.55$ 普通混凝土的一半。

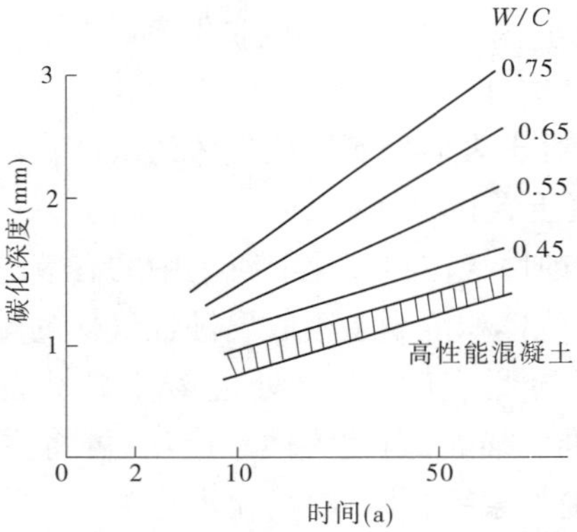


**图3-7　普通混凝土与高性能混凝土碳化深度比较**

高性能混凝土的抗碳化能力除高于普通混凝土外，二者碳化随时间发展的变化规律也有一定差别。如法国在建造 Joigny 桥时，采用了高性能混凝土（配合比见表 3-5），Large Coppee 实验室对该工程中使用的高性能混凝土进行了抗碳化性能研究。碳化试件为直径 11 cm、高 11cm 的圆柱形试块。试件浇筑 24 h 后脱模，然后放在温度 20 ℃、相对湿度 100% 的养护室养护 28 d。之后，将试件放入碳化箱内进行快速碳化，碳化时间分别取 9 d、18 d、27 d、36 d 和 72 d。试验结果见图 3-8。

表 3-5 配合比及强度指标

| 混凝土种类 | 超细砂 | 2.75 mm 赛纳河砂 | 0.3 mm 赛纳河砂 | 高强水泥 | 水 | 高效塑化剂 | 缓凝剂 | 坍落度(cm) | $f_{c,28}$(MPa) 16 cm×32 cm 试件 |
|---|---|---|---|---|---|---|---|---|---|
| Joigny 桥 HPC | 105 | 648 | 1 027 | 450 | 160 | 11.25 | 4.5 | 16 | 64.4 |
| 普通混凝土 | 105 | 698 | 1 077 | 350 | 180 | | | 16.5 | 41.4 |

注:HPC 和普通混凝土所用骨料和水泥品种相同;表内配合比数据单位,$kg/m^3$。

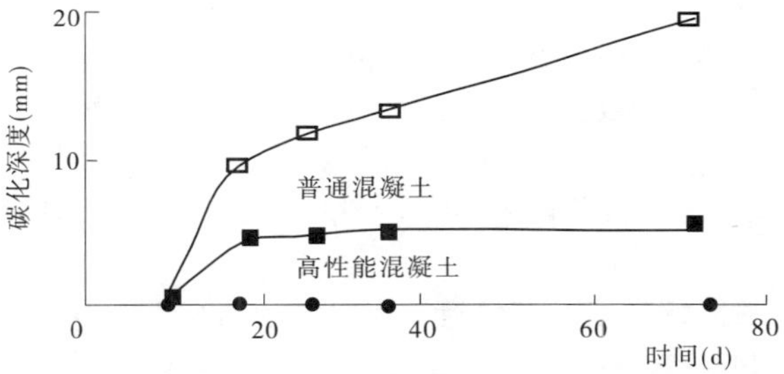


图 3-8 高性能混凝土和普通混凝土的碳化结果对比

由图 3-8 可见,在碳化 18 d 后,高性能混凝土的碳化深度增长很小,至 72 d 时,碳化深度几乎已不再发展,而普通混凝土的碳化深度随着碳化时间的延长而不断加深。因此,式(3-3)关于碳化深度随时间的变化规律能否适用于高性能混凝土还需要深入研究。

## 参考文献

[1] 数学手册[M]. 北京:高等教育出版社,1979.

[2] 袁群,杨业奇,沈凤生,等. 黄河下游豆腐窝分洪分凌闸机架桥大梁质量检测报告[R]. 黄科技 94045 号,1994,10.

[3] 袁群,杨业奇,郝鸳. 砼保护层抗碳化的耐久性分析及影响保护层厚度取值的因素探讨. //水利水电工程学理论与应用[M]. 北京:中国科学技术出版社,1995:80-84.

[4] 袁群,杨业奇,姬美秀,等.豆腐窝分洪闸工作桥大梁的质量检测与分析[J].人民黄河,1995,8:34－36.

[5] 高丹盈,张保河.混凝土碳化速度系数概率模型的研究[J].工业建筑,1992,5.

[6] 金伟良,鄢飞.混凝土碳化指数的概率模型[J].混凝土,2000,1:35－37.

[7] 朱元祥,侯应武,屈文俊.混凝土结构裂缝处的碳化分析[J].西北建筑工程学院学报,1998,4:34－38.

[8] Grander J. Durability of High Performance Concrete in Relation to 'External' Chemical Attack. High Performance Concrete, edited by Y. Malier, E & EN Spon, 1993:234－238.

[9] 丁大钧.高性能混凝土讲座(四)－碳化[J].建筑结构,1997,11:53－56.

[10] 李检保.砼碳化及其碳化后力学性能试验与分析[D].同济大学,1997,12.

[11] 周新刚.混凝土结构的耐久性与损伤防治[M].北京:中国建材工业出版社,1999.

[12] 龚洛书,柳春圃.混凝土的耐久性及其防护修补[M].北京:中国建筑工业出版社,1990.

[13] 普通混凝土长期性能和耐久性能试验方法　GBJ82—85(S).

# 第四章　碳化混凝土的性质

混凝土碳化后，由于水泥石的化学成分及孔隙结构都发生了变化，因此碳化混凝土的物理力学性质也相应发生改变。下面根据已有的研究成果介绍碳化混凝土的物理力学性质。

## 第一节　碳化混凝土的抗压性能

为研究碳化混凝土的抗压性能，李检保采用浙江山鹰建材集团公司生产的山鹰牌 425 号普通硅酸盐水泥及粒径小于 15 mm 的碎石和河砂拌制混凝土，制成 40 mm × 40 mm × 100 mm 及 100 mm × 100 mm × 300 mm 两种棱柱体试件。其中混凝土设计强度等级分 C20、C30 和 C40 三种，具体数量及混凝土配合比见表 4-1。

表 4-1　碳化混凝土试验试件设计详表

| 混凝土强度等级 | 试件尺寸(mm) | 数量(组×个) | 水灰比 | 水泥用量($kg/m^3$) | 砂率(%) |
|---|---|---|---|---|---|
| C20 | 40×40×100 | 8×3 | 0.623 | 345.28 | 27.60 |
| | 100×100×300 | 5×3 | 0.623 | 345.28 | 27.60 |
| C30 | 40×40×100 | 8×3 | 0.475 | 452.34 | 23.82 |
| | 100×100×300 | 1×3 | 0.475 | 452.34 | 23.82 |
| C40 | 40×40×100 | 8×3 | 0.391 | 549.66 | 20.44 |
| | 100×100×300 | 1×3 | 0.391 | 549.66 | 20.44 |

由于C30、C40混凝土试件碳化现象不明显，因此主要以C20混凝土研究碳化混凝土的抗压性能。依据试验结果得到一些基本结论（具体研究方法和内容见文献[1]）：碳化后混凝土的强度将提高60%左右，碳化混凝土与未碳化混凝土的峰值应变基本一样，可取0.002，但碳化混凝土的极限应变要比未碳化混凝土的小，并且建议碳化与未碳化混凝土的应力应变关系曲线采用Hongnested模型：

$$\text{未碳化混凝土}\quad \sigma=\begin{cases}\sigma_0\left[2\dfrac{\varepsilon}{\varepsilon_0}-\left(\dfrac{\varepsilon}{\varepsilon_0}\right)^2\right] & 0\leqslant\varepsilon\leqslant\varepsilon_0\\ \sigma_0\left(1-0.15\dfrac{\varepsilon-\varepsilon_0}{\varepsilon_u-\varepsilon_0}\right) & \varepsilon_0<\varepsilon\leqslant\varepsilon_u\end{cases}\tag{4-1}$$

式中　$\sigma_0$、$\varepsilon_0$——未碳化混凝土的峰值应力和峰值应变，$\varepsilon_0$取0.002；

$\varepsilon_u$——未碳化混凝土的极限应变，取$1.9\varepsilon_0$。

$$\text{碳化混凝土}\quad \sigma=\begin{cases}\sigma_{c0}\left[2\dfrac{\varepsilon}{\varepsilon_{c0}}-\left(\dfrac{\varepsilon}{\varepsilon_{c0}}\right)^2\right] & 0\leqslant\varepsilon\leqslant\varepsilon_{c0}\\ \sigma_{c0}\left(1-0.15\dfrac{\varepsilon-\varepsilon_{c0}}{\varepsilon_{cu}-\varepsilon_{c0}}\right) & \varepsilon_{c0}<\varepsilon\leqslant\varepsilon_{cu}\end{cases}\tag{4-2}$$

式中　$\sigma_{c0}$、$\varepsilon_{c0}$——碳化混凝土的峰值应力和峰值应变，$\varepsilon_{c0}$取0.002；

$\varepsilon_{cu}$——碳化混凝土的极限应变，取$1.33\varepsilon_{c0}$。

未碳化与碳化混凝土的应力应变关系曲线见图4-1。

对式(4-1)、式(4-2)求导并将$\varepsilon=0$代入，得到未碳化和碳化混凝土的初始弹性模量$E^0$、$E_c^0$：

$$E^0=\left.\frac{\mathrm{d}\sigma}{\mathrm{d}\varepsilon}\right|_{\varepsilon=0}=\frac{2\sigma_0}{\varepsilon_0}\tag{4-3}$$

$$E_c^0=\left.\frac{\mathrm{d}\sigma_c}{\mathrm{d}\varepsilon}\right|_{\varepsilon=0}=\frac{2\sigma_{c0}}{\varepsilon_{c0}}=\frac{2\sigma_{c0}}{\varepsilon_0}\tag{4-4}$$

按照《普通混凝土物理力学性能试验方法》（GBJ 81—85）的规定：混凝土的静力受压弹性模量是指应力为40%轴心抗压强度时的加荷割线模量，取 $\sigma=0.4\sigma_0$，代入式（4-1）得：

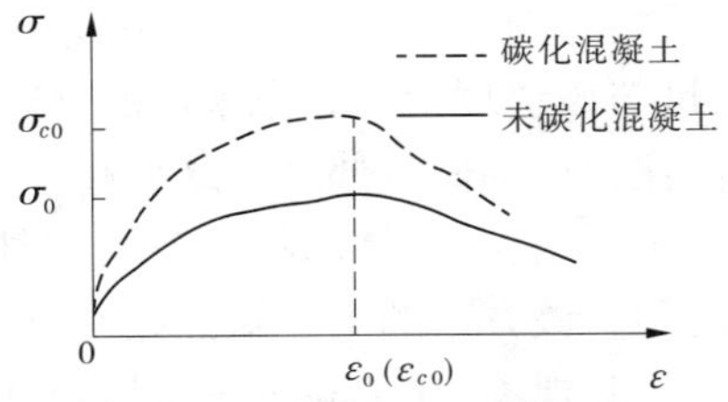


图4-1　碳化和未碳化混凝土应力应变关系曲线示意图

$$0.4\sigma_0=\sigma_0\left[\frac{2\varepsilon_{0.4}}{\varepsilon_0}-\left(\frac{\varepsilon_{0.4}}{\varepsilon_0}\right)^2\right] \tag{4-5}$$

解式（4-5）得 $\varepsilon_{0.4}=0.225\ 4\varepsilon_0$，因此可以得到未碳化混凝土的割线模量 $E^n$：

$$E^n=\frac{0.4\sigma_0}{\varepsilon_{0.4}}\approx 1.774\ 6\frac{\sigma_0}{\varepsilon_0}\approx 0.887\ 3E^0 \tag{4-6}$$

同理，可以得到碳化混凝土的割线模量 $E_c^n$：

$$E_c^n=\frac{0.4\sigma_{c0}}{\varepsilon_{0.4}}\approx 1.774\ 6\frac{\sigma_{c0}}{\varepsilon_{c0}}\approx 0.887\ 3E_c^0 \tag{4-7}$$

## 第二节　碳化混凝土的抗拉性能

抗拉强度是衡量混凝土抗裂的一个重要指标。目前，测定混凝土抗拉强度的方法有轴向拉伸试验法、混凝土小梁弯曲试验法及劈拉试验法。轴向拉伸试验法测定混凝土的抗拉强度不必作任何理论上的假定，测定结果接近混凝土的真实值，但是试验中受力偏心问题难以克服，给试验的推广应用带来困难。混凝土小梁弯曲试验法是一种间接测定混凝土抗拉强度的方法。它假定中和轴上、下的压应变和拉应变为线性变化，拉伸弹性模量等于压缩弹性模量。但实际上，当混凝土拉应力达到 $0.35f_t$（$f_t$ 为轴心拉伸试验极限强度)时,应力一应变已不成线性关系,同时弹性模量开始下降,这与该法理论推导中采用的计算假定有一定出入,实际测出的数值往往比轴向拉伸试验结果高很多。劈拉试验法也是一种非直接测定方法,按试件形状又分为圆柱体劈拉试验和立方体劈拉试验两种。该方法的主要缺点是在加荷点会出现很大的应力集中,为改善此现象,在试验机承压板与试件之间安置胶木垫条,圆柱体上的直线荷载被取代成沿垫条宽度分布的荷载,这与试件受线荷载的假定不很相符,试验结果也常高于轴向拉伸试验值。但综合来讲,劈拉试验方法还是最为简便,试验结果也最稳定 ,因而在国际上得到广泛采用,也是我国目前常用的一种测定混凝土抗拉强度的方法。

对已有钢筋混凝土结构进行质量评估时,采用钻芯法取样测定混凝土的强度是一种常用的方法。取出的芯样可以测定混凝土的抗压强度,也可测定混凝土的劈拉强度。测定劈拉强度的芯样尺寸(直径×高)一般为$\phi$ 100 mm×200 mm、$\phi$ 150 mm×300 mm,因而对某些尺寸较小的构件,取芯长度往往不能满足要求,从而限制了用圆柱体测定混凝土劈拉强度方法的应用。另外,由于许多已有结构表层的混凝土都已碳化,而碳化深度也不过数厘米,因此当需测定混凝土碳化层的劈拉强度时,混凝土碳化层的芯样长度更不能满足要求。尤其当需要了解未碳化混凝土与碳化混凝土交接层的抗拉强度时,目前用圆柱体测定劈拉强度的方法更无法使用。因此,只能考虑采用其他方法进行研究,下面是作者针对圆柱体采用横劈的方法来测定混凝土劈拉强度的一些研究结果。

## 一、圆柱体横向劈拉测定混凝土抗拉强度方法的研究

所谓横向劈拉方法,是将劈拉力作用在圆柱体的横截面上,使圆柱体的长度方向受拉,造成圆柱体横截面劈拉破坏,得到混凝土的劈拉强度。文献[5] ~[7]采用点荷载作为横向劈拉力做过类

似研究,但结果不甚理想。因此,我们选用均布线荷载和非均匀线荷载两种加载方式,采用有限元方法计算分析圆柱体的应力状况,特别是横劈拉面内的应力分布,为该方法的应用做理论上的铺垫。

**(一)施加均布线荷载时的应力分析**

图4-2为混凝土圆柱体受均布线荷载劈拉作用时的受力简图。由于混凝土只要达到极限抗拉强度即可认为混凝土破坏,此时混凝土内的应力水平较低,所以可近似假定混凝土为线弹性材料。应用ANSYS线弹性小变形计算分析,采用的参数如下:试件尺寸为$\phi$100 mm×200 mm;混凝土弹性模量为2.1×$10^4$ MPa;混凝土泊松比为0.167;单元类型为solid185空间八节点单元;网格剖分在$Z$轴方向分为26段,荷载附近的网格进行了加密,$X$、$Y$轴方向网格大小为7.5 mm。

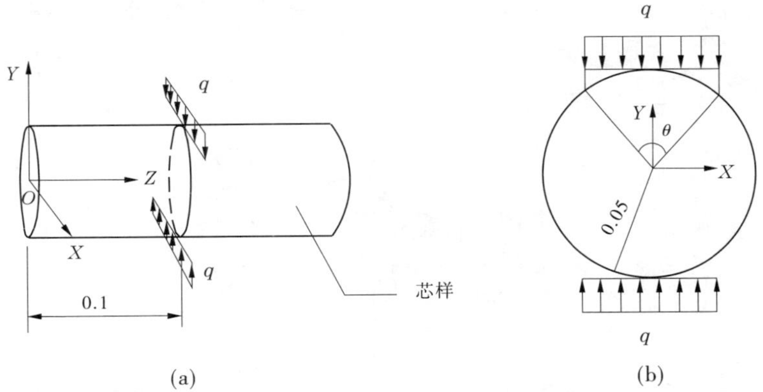


**图4-2　均布线荷载作用于圆柱体上的图示**　(单位:m)

在$Z$=0.1 m处($Z$轴方向试件的中点处)施加$Y$轴方向的一对称均布线荷载$q$=100 kN/m,荷载所对应的圆心角$\theta$分别取60°、90°、135°三种角度。

图4-3为线荷载作用在$\theta$=90°范围时,截面$Z$=0.1 m处的应

力云图。可以看出,整个截面中拉应力面积较大,约占整个截面积的92% 。在荷载作用点处应力集中比较明显,$\sigma_Z$ 的最大压应力出现在线荷载作用点下,其值为 -0. 021 395 MPa,$\sigma_Z$ 最大拉应力出现在压应力之下,其值为0. 002 332 MPa,最大压应力是其 9. 17 倍。其余部位拉应力分布比较均匀,其值在 0. 000 777 ~ 0. 001 296 MPa。$\sigma_X$ 在截面的外围为压应力,拉应力分布在截面的内部,其面积仅占截面面积的38% ,其区域呈带耳朵的哑铃形,耳朵突出部位为线荷载的端部与圆柱体的接触区域。最大拉应力 $\sigma_X$ 为0. 001 296 MPa,约是最大拉应力 $\sigma_Z$ 的 55. 6% 。

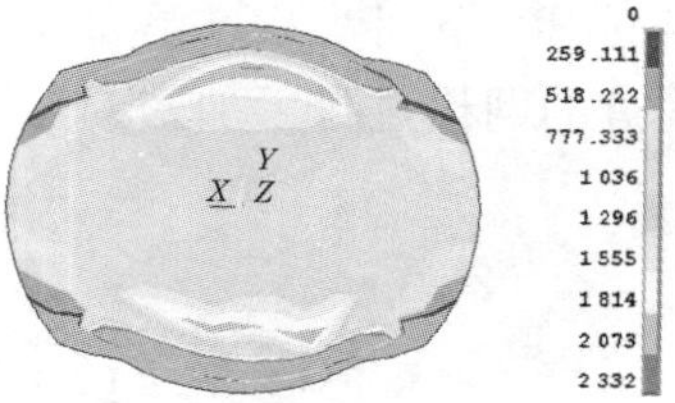


(a)$\sigma_Z$ 拉应力云图

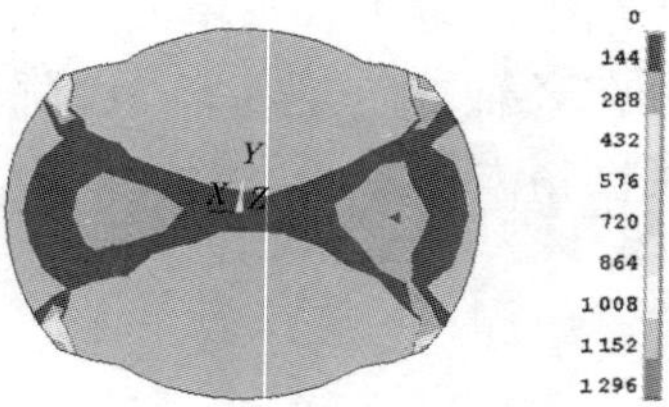


(b)$\sigma_X$ 拉应力云图

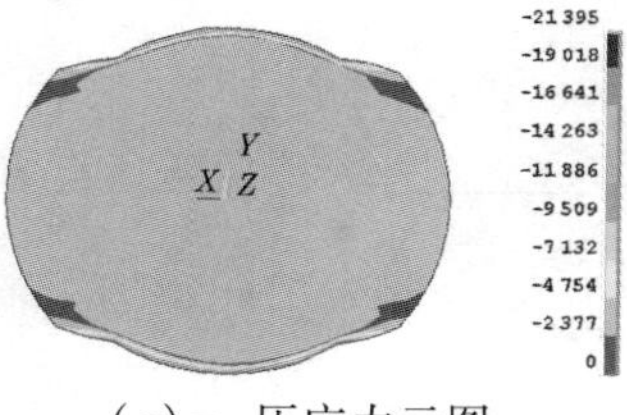


(c)$\sigma_Z$ 压应力云图

**图 4-3　线荷载作用在 $\theta = 90°$ 范围时截面 $Z = 0.1$ m 处的应力云图**

在 $XOZ$ 剖面上(见图 4-4),在均匀线荷载作用截面($AB$ 连线截面)附近区域,$\sigma_Z$ 为拉应力区,随着远离 $AB$ 截面,拉应力逐步减小,至一定距离后,圆柱体的内部转变为压应力,而在外层还有一定的拉应力。因此,在均匀线荷载的作用下,圆柱体将会在荷载作用线的横截面上发生劈裂破坏。

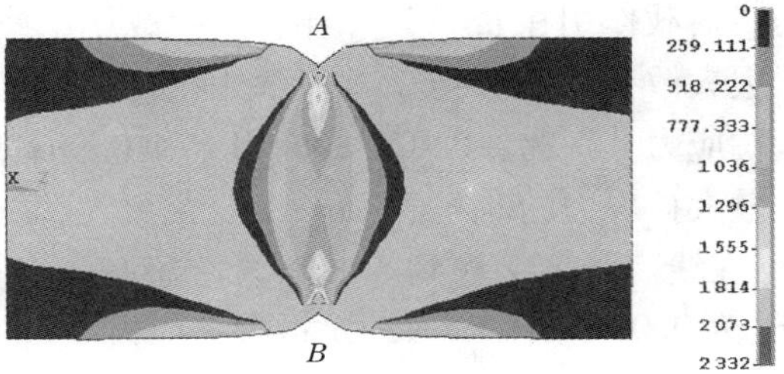


图 4-4　线荷载作用在 $\theta=90°$ 范围时 $XOZ$ 剖面上 $\sigma_Z$ 拉应力云图

当均匀线荷载作用在 $\theta=60°$ 范围时，荷载作用截面 $\sigma_Z$ 的分布形态没有大的变化(见图 4-5)，最大压、拉应力分别为 -0.024 517 MPa 和 0.002 363 MPa，最大压应力是最大拉应力的 10.38 倍。$\sigma_X$ 的变化较大，截面外部全为压应力区，内部拉应力区形状发生了变化，已由荷载作用范围 90°时的带耳朵的哑铃形变为近似长方形。最大拉应力 $\sigma_X$ 为 0.000 51 MPa，约是最大拉应力 $\sigma_Z$ 的 21.6%。

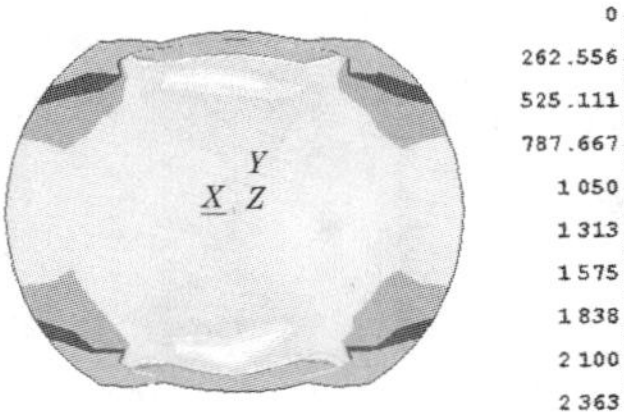


(a) $\sigma_Z$ 拉应力云图

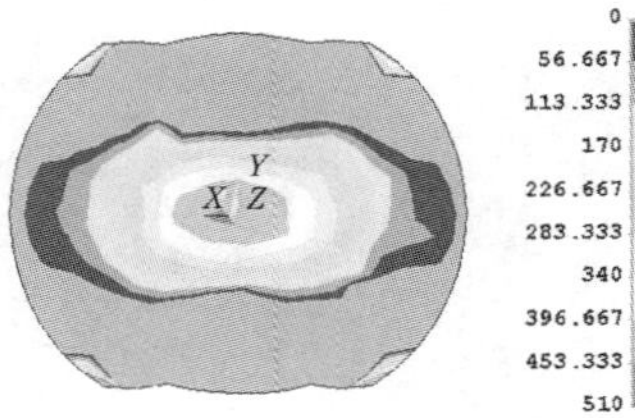


(b) $\sigma_X$ 拉应力云图

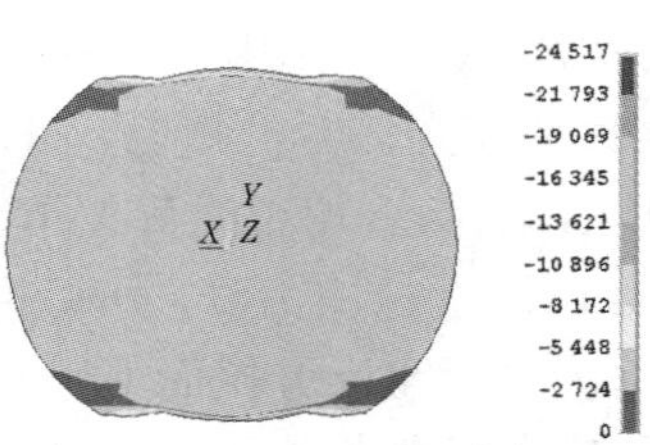


(c) $\sigma_Z$ 压应力云图

图 4-5　线荷载作用在 $\theta=60°$ 范围时截面 $Z=0.1$ m 处的应力云图

当均匀线荷载作用在 $\theta=135°$ 范围时，荷载作用截面 $\sigma_Z$ 的分布形态有了很大改变（见图 4-6），截面外围的压应力区域已经连通，最大压、拉应力分别为 $-0.024\ 806$ MPa 和 $0.002\ 883$ MPa，最大压应力是最大拉应力的 8.6 倍。$\sigma_X$ 的变化更大，截面几乎全为压应力区，仅在线荷载未接触到的局部区域还有一点拉应力。最大拉应力 $\sigma_X$ 为 $0.001\ 468$ MPa，约是最大拉应力 $\sigma_Z$ 的 50.9%。

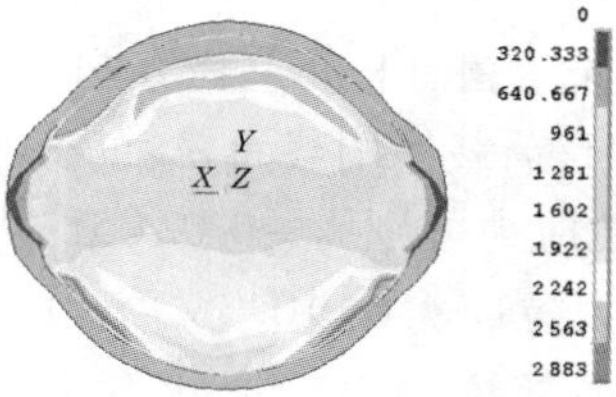


(a) $\sigma_Z$ 拉应力云图

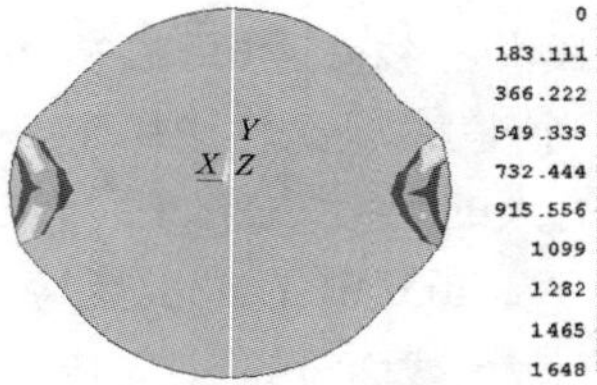


(b) $\sigma_X$ 拉应力云图

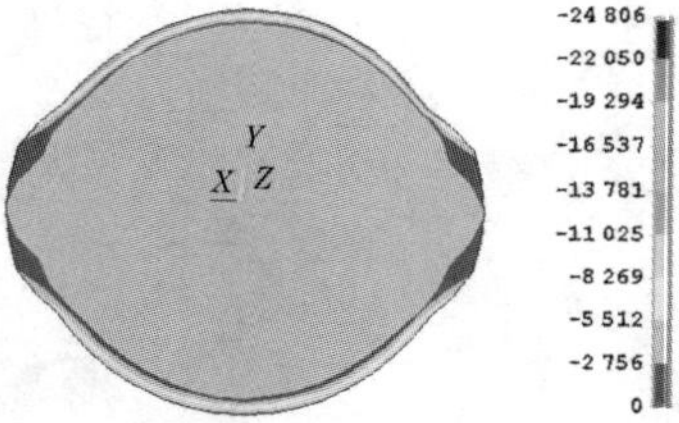


(c) $\sigma_Z$ 压应力云图

**图 4-6　线荷载作用在 $\theta=135°$ 范围时截面 $Z=0.1$ m 处的应力云图**

在 $XOZ$ 剖面上，均匀线荷载作用在 $\theta=60°$、$90°$、$135°$ 时，拉应力 $\sigma_Z$ 的分布形状无大的差别。

从以上分析可以看出，随着均布线荷载作用范围的增大（$\theta$ 的增大），圆柱体横向劈拉面上拉应力 $\sigma_Z$ 分布趋于均匀，而拉应力 $\sigma_X$ 面积逐渐减小，当 $\theta=135°$ 时，劈拉面上几乎无 $\sigma_X$ 拉应力。因此，按理论计算分析，均布线荷载作用范围越大，圆柱体横向劈拉效果应越好。

### (二)施加非均匀线荷载时的应力分析

图4-7为混凝土圆柱体受非均匀线荷载劈拉作用时的受力简图。在 $Z=0.1$ m 处($Z$ 轴方向试件的中点处),$Y$ 轴方向施加一对非均匀分布的线荷载,荷载所对应的圆心角 $\theta$ 分别取60°、90°、135°三种角度。应用ANSYS线弹性小变形计算分析采用的参数同均匀荷载作用下的取法相同,非均匀线荷载的形状为二次抛物线 $f=ax^2+bx+c$ (N/m),具体参数见表4-2。网格剖分与均布线荷载的相同。

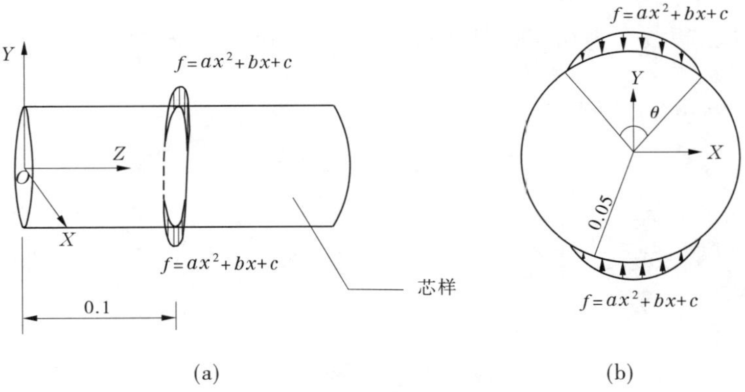


图4-7　非均匀线荷载作用于圆柱体上的图示　(单位:m)

表4-2　非均匀线荷载 $f=ax^2+bx+c$ 的具体参数

| 表达式 | 压具圆心角度 | $a$ | $b$ | $c$ |
|---|---|---|---|---|
| $f=ax^2+bx+c$ | 60° | $-1.6\times10^8$ | 0 | $10^5$ |
| | 90° | $-8\times10^7$ | 0 | $10^5$ |
| | 135° | $-4.695\times10^7$ | 0 | $10^5$ |

图4-8为非均匀线荷载作用在 $\theta=90°$ 范围时截面 $Z=0.1$ m 处的应力云图。可以看出,整个截面中拉应力面积较大,约占整个

截面积的 93% ,其分布形态与均匀线荷载作用在 $\theta=90^\circ$ 范围时的相似。同样,在荷载作用点处应力集中比较明显,$\sigma_Z$ 的最大压应力出现在线荷载作用点下,其值为 -0. 019 969 MPa,最大拉应力也出现在压应力之下,其值为 0. 001 956 MPa,最大压应力是最大拉应力的 10. 2 倍。其余部位拉应力分布比较均匀,其值在 0. 000 435 ~ 0. 001 087 MPa。$\sigma_X$ 在截面的外围为压应力,拉应力分布在截面的内部,其面积仅占截面面积的 42% ,其区域由带耳朵的哑铃形发生退化,耳朵突出部位已与中心的哑铃体脱离,形成 4 个面积较小的拉力区,而中间的哑铃形也变为近似长方形。最大拉应力 $\sigma_X$ 为 0. 000 41 MPa,约是最大拉应力 $\sigma_X$ 的 21. 0% 。

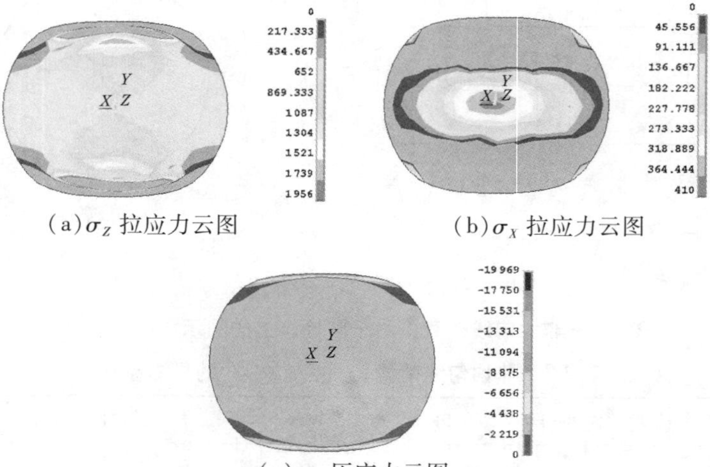


(a)$\sigma_Z$ 拉应力云图　(b)$\sigma_X$ 拉应力云图

(c)$\sigma_Z$ 压应力云图

**图 4-8　非均匀线荷载作用在 $\theta=90^\circ$ 范围时截面 $Z=0.1$ m 处的应力云图**

在 $XOZ$ 剖面上(见图 4-9),应力 $\sigma_Z$ 的分布形状与相应均布线荷载的基本一样。因此,在非均匀线荷载的作用下,圆柱体将会在荷载作用线的横截面上发生劈裂破坏。

当非均匀线荷载作用在 $\theta=60^\circ$ 范围时,荷载作用截面 $\sigma_Z$ 的

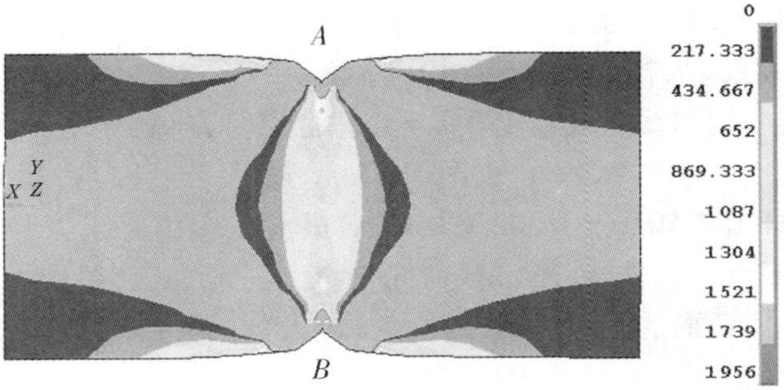


图 4-9　非均匀线荷载作用在 $\theta=90°$ 范围时 $XOZ$ 剖面上 $\sigma_Z$ 拉应力云图

分布形态没有大的变化(见图 4-10),最大压、拉应力分别为 $-0.024\ 157$ MPa和0.002 309 MPa,最大压应力是最大拉应力的 10.5 倍。$\sigma_X$ 的变化不大,已由荷载作用范围90°时中心区域的近

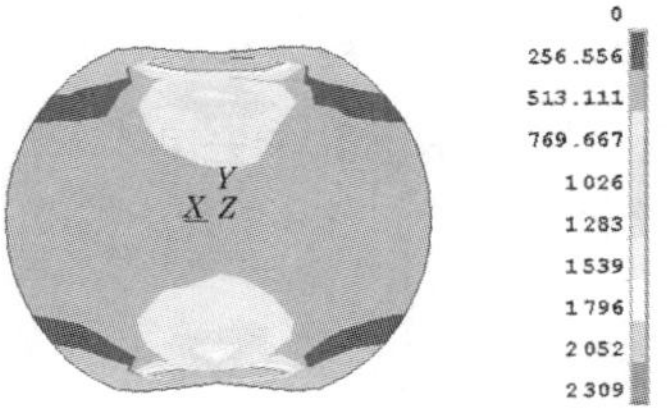


(a)$\sigma_Z$ 拉应力云图

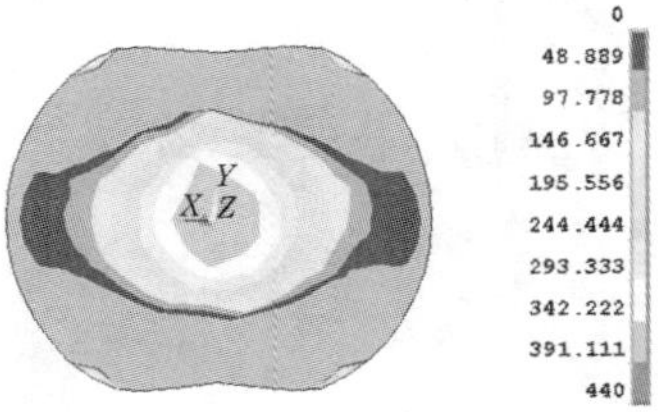


(b)$\sigma_X$ 拉应力云图

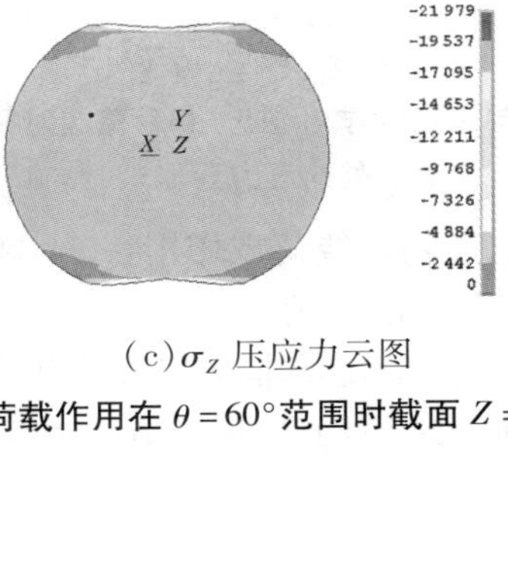


(c)$\sigma_Z$ 压应力云图

图4-10　非均匀线荷载作用在 $\theta=60°$ 范围时截面 $Z=0.1$ m 处的应力云图

似长方形分布变为近似纺锤形分布。最大拉应力 $\sigma_X$ 为 0.000 44 MPa，约是最大拉应力 $\sigma_Z$ 的 19.1%。

当非均匀线荷载作用在 $\theta=135°$ 范围时，荷载作用截面 $\sigma_Z$ 的分布形态变化不大（见图 4-11），最大压、拉应力分别为 $-0.024\ 157$ MPa和 0.002 390 MPa，最大压应力是最大拉应力的 10.1 倍。$\sigma_X$ 的变化较大，截面几乎全为压应力区，拉应力退化成呈两个三角形的眼镜片状。最大拉应力 $\sigma_X$ 为 0.000 127 MPa，约是最大拉应力 $\sigma_Z$ 的 5.3%。

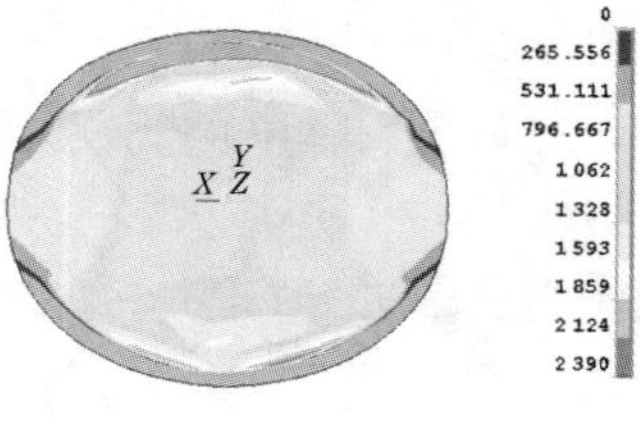


（a）$\sigma_Z$ 拉应力云图

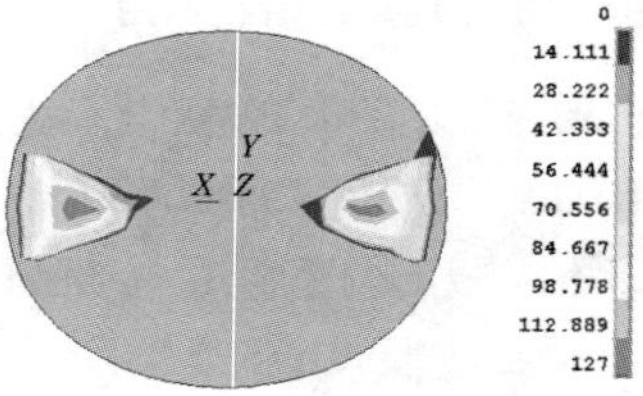


（b）$\sigma_X$ 拉应力云图

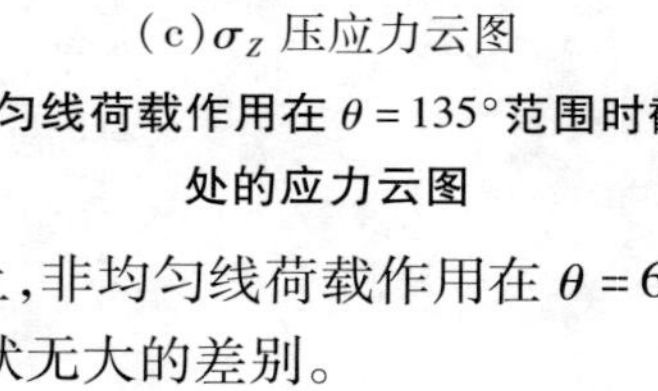


（c）$\sigma_Z$ 压应力云图

**图 4-11　非均匀线荷载作用在 $\theta=135°$ 范围时截面 $Z=0.1$ m 处的应力云图**

在 $XOZ$ 剖面上，非均匀线荷载作用在 $\theta=60°$、$90°$、$135°$ 时，拉应力 $\sigma_Z$ 的分布形状无大的差别。

从以上分析可以看出，随着非均匀线荷载作用范围的增大（$\theta$ 的增大），圆柱体横向劈拉面上拉应力 $\sigma_Z$ 分布趋于均匀，而拉应

力 $\sigma_X$ 面积逐渐减小。因此,按理论计算分析,非均匀线荷载作用范围越大,圆柱体横向劈拉效果应越好。

### (三)应力分析结果小结

从上面的计算分析可知,当圆柱体受到均布线荷载和非均匀线荷载作用时,都能使混凝土圆柱体芯样发生横向劈裂破坏,且拉应力 $\sigma_Z$ 总体上比拉应力 $\sigma_X$ 大很多,可以保证圆柱体发生横向劈拉破坏。

在实际对混凝土圆柱体施加线荷载进行横向劈拉试验时,需要制作施加作用线荷载的压具。压具的形状要成圆弧形,半径要和圆柱体的一样。当一对压具作用到圆柱体上时,在力的作用下,压具和圆柱体都要发生变形(这可从前面计算得到的横截面应力云图中看出,横截面形状都发生了一定程度的变化),因此压具实际施加到圆柱体表面的线荷载分布形式难以确定,并且在加荷的过程中也不断发生变化。因此,在上边计算分析时,假定了线荷载成均匀线荷载和非均匀线荷载两种形式,目的就是考察在它们的作用下,圆柱体横截面上应力分布的特点。分析结果表明,不论是在哪种线荷载作用下,圆柱体横截面的拉应力还都比较均匀,分布面积也比较大(大于横截面积的90%),因此只要是在线荷载作用下,都有可能得到比较理想的混凝土劈拉强度。

## 二、试验验证结果分析

### (一)试验装置简介

为比较不同圆心角压具的使用效果,制作了 3 套圆弧形压具(见图 4-12)。压具圆心角 $\theta$ 分别为 60°、90°和 135°。

图 4-12 中,1 是半径为 50 mm,圆心角 $\theta$ 为 60°、90°和 135°的压刀,压刀面为半径 10 mm 的反弧段;2 是半径为 8 mm 的连杆,连杆上端固定在上压板上,下端穿过下压板圆孔 3,并在连杆端部

配有拧紧螺母 4；3 是半径 8.25 mm 的圆孔；4 是螺母。

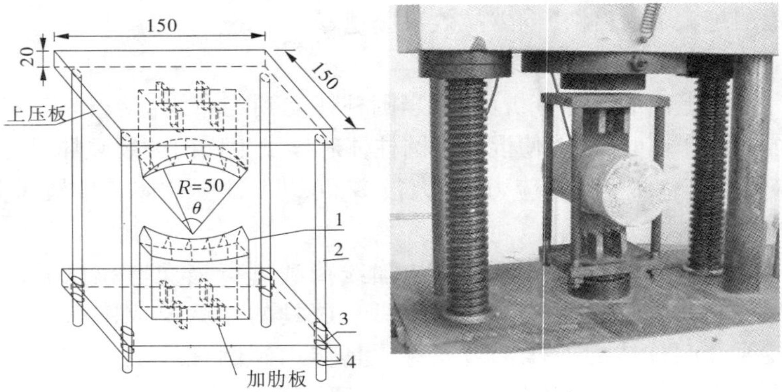


(a)　　(b)

**图 4-12　压具示意图**　(单位：mm)

试验前，先把试件放置在圆弧压刀上，待对中后，均匀拧紧对角上的螺母，并将整个压具对中放置于试验机的上、下承压板之间，试验准备工作即已完成。然后即可按照相关方法进行试验，混凝土圆柱体试件通过试验机上、下承压板、压具上、下板及压刀获得劈拉作用力，使其产生横向劈拉破坏。为了减小连杆和下压板的摩擦，在下压板连杆孔内涂抹润滑油。

**(二)试验试件制作**

为检验混凝土横向劈拉强度(简称横劈强度)与常规立方体劈拉强度、常规圆柱体劈拉强度(简称纵劈强度)及混凝土抗压强度的关系，设计了水灰比($W/C$)为 0.69、0.60 及 0.52 三种混凝土。每种混凝土浇筑 150 mm × 150 mm × 150 mm 立方体试件两组，一组用于抗压试验，另一组用于立方体纵劈试验；并浇筑 4 组 $\phi$100 mm × 200 mm 圆柱体试件，一组用于纵劈试验，其余三组用于横劈试验。浇筑混凝土所用材料为 32.5 级的硅酸盐水泥，最大粒径为 20 mm 的碎石，及细度模数为 2.6 的中砂。

## （三）试验结果分析

按国家标准《普通混凝土力学性能试验方法》进行混凝土立方体劈拉强度、圆柱体纵劈强度及立方体抗压强度试验，圆柱体横劈试验参照纵劈试验方法进行。

目前，关于混凝土圆柱体的横劈强度还没有理论计算方法，在试验中，仅可以得到线荷载的总荷载量及圆柱体的横截面积，这里假定横劈强度为$\alpha \frac{P}{A}$，其中 $\alpha$ 为综合系数，$P$ 为线荷载总量，$A$ 为圆柱体横截面面积。$\frac{P}{A}$可以认为是圆柱体混凝土名义横劈强度，通过试验数据的分析，建立其与混凝土立方体、圆柱体纵劈强度的关系，从而达到计算混凝土劈拉强度的目的。

1. 名义横劈强度与立方体抗压强度的关系

由图 4-13 中的试验数据可以得到压具圆心角为 60°、90°、135°时，混凝土圆柱体名义横劈强度与立方体抗压强度的关系式，具体见表 4-3。

**表 4-3　混凝土圆柱体名义横劈强度与立方体抗压强度的关系**

| 压具圆心角度 | 拟合关系式 | 按公式推算与实测立方体强度比较 | | |
|---|---|---|---|---|
| | | 相关系数 | 平均相对差（%） | 相对标准差（%） |
| 60° | $f_{cts,60°}=1.3236f_{cu}^{0.2657}$ | 0.7716 | ±6.69 | 8.47 |
| 90° | $f_{cts,90°}=0.5134f_{cu}^{0.5986}$ | 0.9516 | ±5.71 | 6.98 |
| 135° | $f_{cts,135°}=0.7308f_{cu}^{0.4351}$ | 0.8308 | ±13.17 | 17.15 |

可以看出，当压具圆心角为 90°时，圆柱体横劈强度与抗压强度的相关性最好，平均相对差、相对标准差相应也都最小。

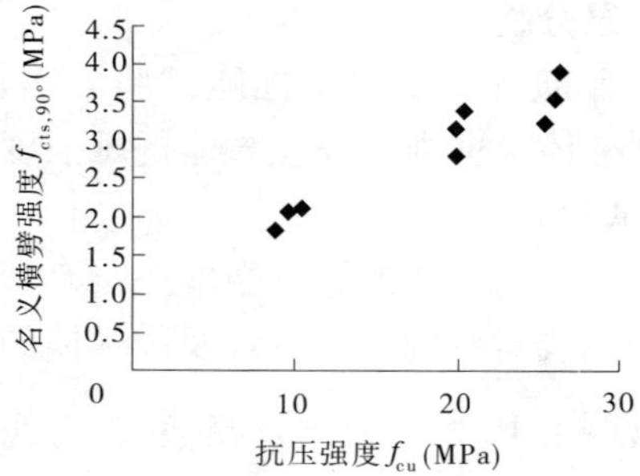


(a)压具圆心角为60°

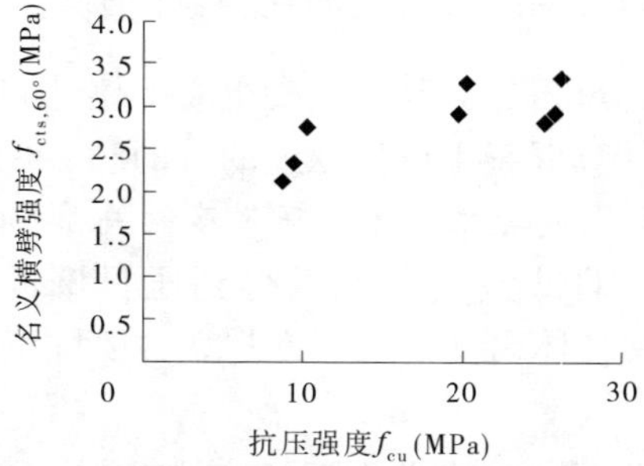


(b)压具圆心角为90°

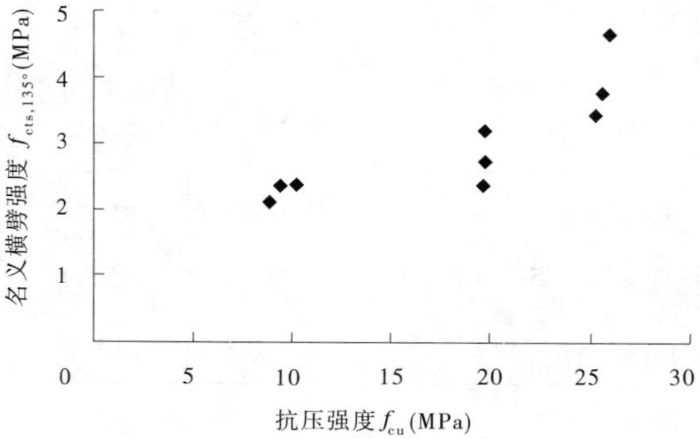


(c)压具圆心角为135°

**图 4-13　压具圆心角为 60°、90°、135°时名义横劈强度与立方体抗压强度的关系**

2. 名义横劈强度与立方体、圆柱体纵劈强度的关系

由图4-14中的试验数据可以得到压具圆心角为60°、90°、135°时，混凝土圆柱体名义横劈强度与立方体、圆柱体纵劈强度的关系式见表4-4。

由表4-4可以看出，无论哪一种压具，所得的平均相对差、相对标准差都在允许的15%范围之内。其中压具圆心角为90°时，拟合方程计算的名义横劈强度与立方体、圆柱体纵劈强度的相关系数最大，平均相对差最小，相对标准差也较小，说明使用该种压具的效果最好。前面的理论分析表明，当压具圆心角为135°时，圆柱体横截面的受力效果应最好，进而可以推测，当线荷载作用在180°范围时应最理想，但在试验操作上却难以实现。试验中我们发现，当压具圆心角为60°、90°时，压具圆弧面容易与圆柱体的侧表面紧密接触；当压具圆心角为135°时，或者因为混凝土圆柱体侧表面不完全规则，或者因为压具弧线不完全规则，两者难以做到紧密接触，虽然采用垫软布等措施进行了校正，但实际效果还是不好，这就可能引起荷载在某些地方集中，从而造成试验结果离散。因而综合分析比较认为，压具圆心角为90°时，混凝土圆柱体的横劈试验效果最好。

## 三、应用分析

河南省白沙水库是淮河流域颍河干流上的一个大型水库，其泄洪闸于1956～1957年扩建完成。2003年泄洪闸拆除时，对闸底板的混凝土（设计强度为140号）进行了钻芯取样（芯样直径100 mm，长度300 mm左右），用以研究长龄期混凝土的力学性能。取出的芯样中，碳化层的厚度在33～68 mm（见表4-5），碳化混凝土能制成的立方体抗压强度试件尺寸非常小，属非标准小尺寸试件，试验结果的代表性非常差，且试件制作又非常费时、费工。闸底板内骨料尺寸较大（最大骨料粒径超过100 mm），即使精心挑

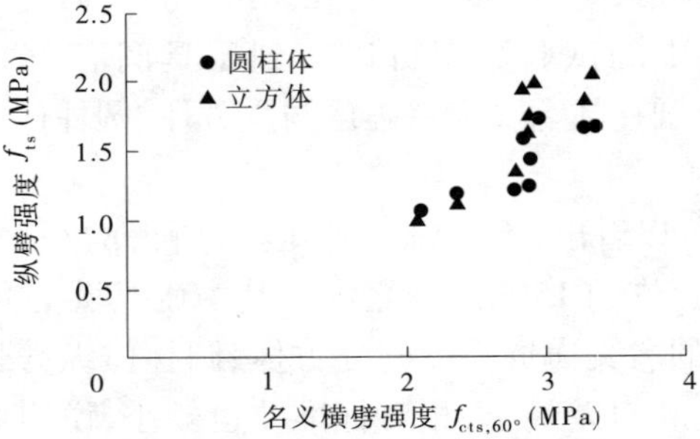


(a)压具圆心角为60°

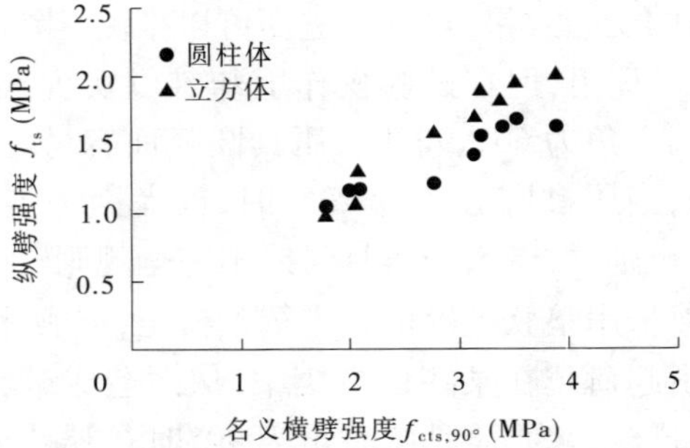


(b)压具圆心角为90°

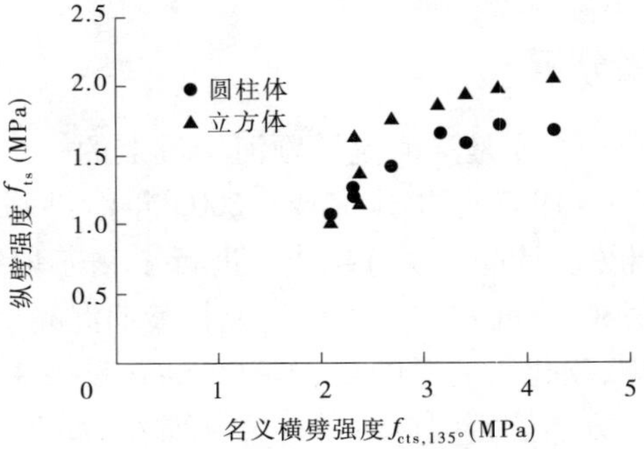


(c)压具圆心角为135°

**图4-14 压具圆心角为60°、90°、135°时名义横劈强度与两种纵劈强度的关系**

选,也难以使芯样内残余骨料的粒径小于芯样直径(或制成试件边长)的1/3,不能避免骨料对试验结果的影响,因此如何得到碳化混凝土的强度就非常困难,但是如果采用本文提出的横劈法来研究它们就很容易做到。

表4-4 混凝土圆柱体名义横劈强度与立方体、圆柱体纵劈强度的关系

| 压具圆心角度 | 纵劈强度类型 | 拟合关系式 | 按公式推算与实测纵劈强度比较 | | |
|---|---|---|---|---|---|
| | | | 相关系数 | 平均相对差(%) | 相对标准差(%) |
| 60° | 立方体 | $f_{ts,cu}=0.852f_{cts,60^\circ}-0.768$ | 0.883 5 | ±6.69 | 9.89 |
| | 圆柱体 | $f_{ts,c}=0.526f_{cts,60^\circ}-0.074$ | 0.823 8 | ±8.01 | 10.62 |
| 90° | 立方体 | $f_{ts,cu}=0.498f_{cts,90^\circ}+0.222$ | 0.974 9 | ±4.61 | 5.76 |
| | 圆柱体 | $f_{ts,c}=0.32f_{cts,90^\circ}+0.492$ | 0.941 9 | ±4.86 | 9.39 |
| 135° | 立方体 | $f_{ts,cu}=0.382f_{cts,135^\circ}+0.509$ | 0.836 0 | ±11.34 | 13.83 |
| | 圆柱体 | $f_{ts,c}=0.264f_{cts,135^\circ}+0.631$ | 0.903 3 | ±6.33 | 8.21 |

## (一)试验步骤

首先,采用酚酞试剂测定芯样的碳化层与未碳化层的范围,确定碳化与未碳化的交接层(因为碳化混凝土与未碳化混凝土之间存在过渡区,且碳化的深度也不一样,碳化的锋面是不规则的曲面,因此两者之间存在一个既有碳化也有未碳化的交接层),然后采用横劈法对芯样的碳化层、交接层和未碳化层进行横劈试验。当试件劈开后,用酚酞试剂对劈裂面进行检测,如果劈裂面上混凝土未出现红色,则表明劈裂处的混凝土已完全碳化;如劈裂面上混

凝土全部变红，则表明劈裂处的混凝土未碳化；如劈裂面上混凝土部分变红，部分未变红，则可以认为劈裂面是交接层。得到名义横劈强度后，将其代入式(4-8)(见表4-3中第二行拟合关系式)：

$$f_{cts,90^\circ} = 0.513\,4 f_{cu}^{0.598\,6} \tag{4-8}$$

分别换算得到碳化层、交接层和未碳化层的立方体抗压强度。

**（二）试验结果分析**

试验结果表明，从未碳化层到交接层再到碳化层，它们的名义横劈强度及换算立方体强度总体来讲逐步降低。究其原因，一是闸底板混凝土表面没有采取任何防护措施，经过近50年的风吹雨淋及开闸泄洪后，混凝土碳化层中的某些物质被水溶解带出，增大了碳化层混凝土的孔隙率，降低了其密实度和强度。二是闸底板混凝土浇筑时，其上层混凝土密实度较低，因此呈现上述规律就不难理解。但已有的研究结果认为，碳化混凝土的强度一般要比未碳化混凝土的强度高，而这主要是基于人工碳化混凝土和未碳化混凝土的试验结果对比，因为人工碳化混凝土一般都是在室内碳化箱中加速混凝土碳化得到的，碳化混凝土的物质没有流失，因此碳化物质在提高了混凝土的密实度外，也提高了其强度。

泄洪闸拆除前，用回弹法(经过钻芯取样修正)对闸底板混凝土强度进行了评定，数值为19.5～26.7 MPa，此结果与本方法得到的未碳化混凝土强度基本一致(见表4-5)。

有限元计算分析结果表明，采用均匀线荷载和非均匀线荷载都能使混凝土圆柱体产生横劈破坏，这为横向劈拉测定圆柱体混凝土抗拉强度提供了理论支持。试验结果表明，采用圆弧形压具能实现对圆柱体混凝土的横向劈拉，当压具圆心角为90°时，混凝土的名义横劈强度与混凝土的抗压强度和立方体、圆柱体纵劈强度有很好的相关性，因此推荐该方法为混凝土圆柱体横劈试验的首选方法；并可采用表4-3、表4-4中的公式，换算得到混凝土的立方体抗压强度，以及混凝土立方体、圆柱体的纵劈强度。

表 4-5　直径$\phi$100 mm 圆柱体芯样横劈试验结果

| 编号 | 碳化深度（mm） | 试件尺寸（cm） | $f^1_{cts,90°}/f^1_{cu}$（MPa/MPa） | $f^2_{cts,90°}/f^2_{cu}$（MPa/MPa） | $f^3_{cts,90°}/f^3_{cu}$（MPa/MPa） | 劈裂面情况 |
|---|---|---|---|---|---|---|
| A－1 | 33 | 24 | 3.11/20.3 | 2.80/17.0 | 3.25/21.8 | 完好 |
| A－2 | 40 | 27 | 3.29/22.2 | 3.54/25.1 | 3.31/22.5 | 完好 |
| A－3 | 41 | 30 | 1.91/9.0 | 2.59/14.9 | 2.73/16.3 | 碳化层劈面出现部分断裂 |
| A－4 | 49 | 29 | 2.17/11.1 | 3.75/27.7 | 3.90/29.6 | 完好 |
| A－5 | 53 | 27 | — | — | 3.12/20.4 | 完好 |
| A－6 | 56 | 20 | 2.80/17.0 | 2.96/18.6 | 3.81/28.4 | 完好 |
| A－7 | 58 | 26 | 2.74/16.4 | 2.48/13.9 | 2.93/18.3 | 完好 |
| A－8 | 60 | 30 | 2.82/17.2 | 3.44/24.0 | 2.70/16.0 | 完好 |
| A－9 | 68 | 28 | 1.94/9.2 | 3.13/20.5 | 4.94/43.9 | 完好 |
| 均值 | | | 2.60/15.3 | 3.09/20.2 | 3.41/24.1 | |

注：①$f^1_{cts,90°}$、$f^2_{cts,90°}$、$f^3_{cts,90°}$分别为碳化层名义横劈强度、交接面名义横劈强度、未碳化层名义横劈强度。

②$f^1_{cu}$、$f^2_{cu}$、$f^3_{cu}$分别为碳化层、交接面、未碳化层换算立方体抗压强度。

③表中“—”表示劈裂面中有大石块，试验数据被剔除。

由于试验数据有限，因此本节给出的公式的准确性还有待于进一步验证。

## 第三节　碳化混凝土与新混凝土的黏结性能

混凝土结构补强加固的方法有许多种，比较成熟的方法有加大截面法、外包钢法、外加预应力法及改变传力途径法，这些方法已列入国家标准，其中加大截面法涉及新老混凝土的黏结问题。

新老混凝土的黏结问题之所以重要是因为，目前在机场跑道、道桥路面等大面积混凝土修补补强中，在老混凝土上铺筑新混凝土还是有效且常用的方法，而修补补强成败的关键是新老混凝土的黏结质量。以往，人们常根据经验对新老混凝土结合面进行处理，缺乏对其黏结力学性能的系统研究和分析，结果由于新老混凝土黏结破坏导致补强加固失败的事故时有发生，因此对新老混凝土的黏结性能进行研究是非常必要的。1995 年，国家在基础性研究重大项目（攀登计划 B）《重大土木与水利工程安全性与耐久性的基础研究》中，也设立了“新老混凝土的黏结机理和测试方法研究”课题。然而实践表明，仅仅研究新老混凝土的黏结问题还不能满足工程需要。在实际工程中，老混凝土的外层一般都已碳化，目前通常的做法是先将碳化层彻底清除，然后再浇筑新混凝土。由于清除碳化混凝土的工作非常费时、费工，严重影响了修补工程的施工进度。尤其当混凝土保护层已完全碳化时，剔除钢筋后面的碳化混凝土难度非常大，并且也破坏了混凝土与钢筋的黏结，对施工期结构的安全构成威胁。因此，如果能不清除碳化混凝土，而直接在碳化混凝土上浇筑修补混凝土，将大大简化施工程序，提高施工效率，但是这种方法的关键是碳化混凝土与修补混凝土的黏结性能能否满足要求。目前，针对碳化混凝土与新混凝土黏结的研究刚刚起步，研究成果还不系统，下面仅介绍同济大学所做的工作。他们的研究重点是碳化混凝土与新混凝土的抗剪性能，共浇筑 16 个碳化混凝土与新混凝土黏结抗剪试件（见表 4-6），试件尺寸及加载示意见图 4-15。

**表 4-6　碳化混凝土（$f_{cu}=20$ MPa）与新混凝土（$f_{cu}=31.1$ MPa）的黏结试件**

| 碳化深度（mm） | 0 | 2～3 | 3～4 | 4～4.5 | 5～6 |
|---|---|---|---|---|---|
| 试件数 | 2 | 4 | 3 | 4 | 3 |

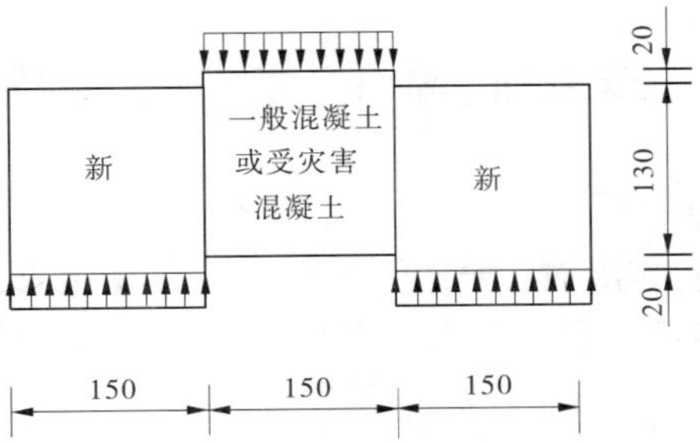


图 4-15　抗剪试件尺寸及加载示意　（单位:mm）

试件制作时,先将同批浇筑的旧混凝土试块浇筑面向上放入碳化箱内,分批取出测试碳化深度,再将其一相对光滑碳化面凿毛,另取与碳化混凝土同批浇筑的混凝土试块 2 块,将其一对相对光滑面凿毛(二者凿毛粗糙率均约为60% ,凿毛深度最深约为1. 5 mm),然后在试块凿毛面两侧浇筑新混凝土。以上试件在浇筑新混凝土前 1 h,均在旧混凝土结合表面浇水,保持结合面浇筑新混凝土时的湿润状态。

试验结果表明(见图 4-16),碳化深度对黏结试件的抗剪强度影响不明显。

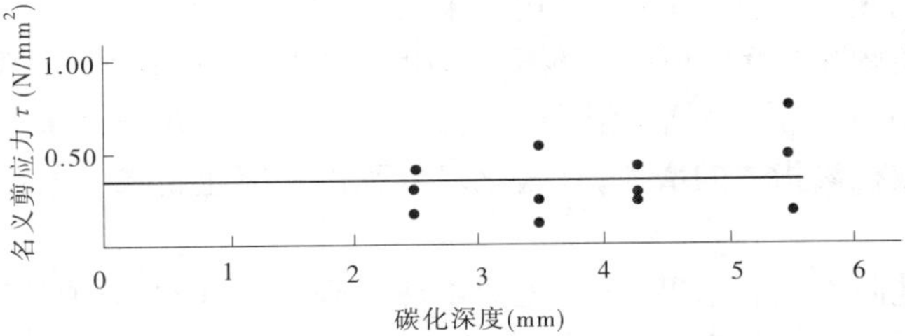


（名义剪应力等于抗剪承载力除以黏结面面积）

图 4-16　黏结试件名义剪应力与碳化深度的关系曲线

## 第四节　碳化混凝土的抗渗性及孔隙结构

混凝土碳化后,微观上改变了混凝土的组成物质及孔隙结构,影响到混凝土的传输特性,宏观上表现为混凝土渗透性的变化。有资料对表 4-7 中两种配合比混凝土碳化前后的渗透性及孔隙率进行了研究。

表 4-7　混凝土材料与配合比

| 编号 | 普通水泥($kg/m^3$) | 水($kg/m^3$) | 骨料($kg/m^3$) | | 砂子($kg/m^3$) | $W/C$ | 抗压强度(MPa) |
|---|---|---|---|---|---|---|---|
| | | | 粒径 20 mm | 粒径 10 mm | | | |
| M1 | 300 | 180 | 800 | 400 | 720 | 0.60 | 23.0 |
| M2 | 400 | 180 | 400 | 400 | 600 | 0.45 | 50.0 |

用真空度试验测定混凝土的空气渗透性。该方法是在混凝土表面固定一有机玻璃罩,然后对混凝土施加真空,当罩内真空压力低于 100 kPa 时所需要的时间称为抗渗指数。由于从罩内抽出的空气必须通过混凝土,因此渗透性高的混凝土抗渗指数小(即所需时间短)。孔隙率测试采用压汞法。

由图 4-17 可以看出,混凝土强度与养护条件对抗渗指数有显著影响,高强度、水养护比低强度、空气养护的抗渗指数大。碳化也造成抗渗指数的增大,且碳化对低强度混凝土抗渗指数的影响更大。

孔隙率试验结果表明(见图 4-18),强度高和水养护可显著降低混凝土的孔隙率,由于碳化反应物质的密实作用,碳化也能显著降低混凝土的孔隙率。

碳化能降低混凝土的孔隙率,这一结论是否具有普遍性呢?为此作者结合河南省白沙水库(泄洪闸于 1956 ~ 1957 年扩建完

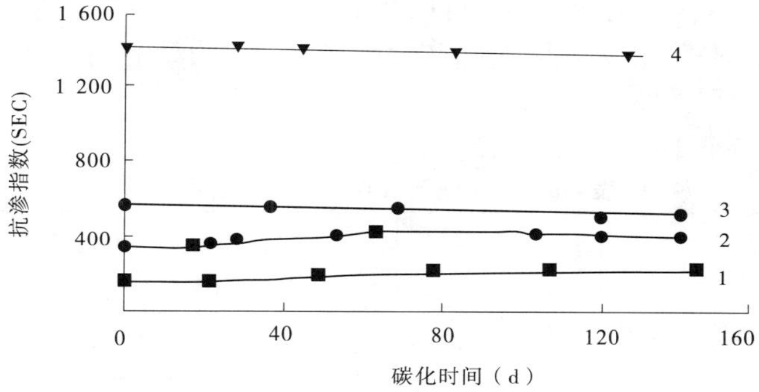


1—$M1C_1$;2—$M1C_2$;3—$M2C_1$;4—$M2C_2$

（$C_1$、$C_2$ 分别表示在空气和水中养护 28 d）

**图 4-17　碳化时间对抗渗指数的影响**

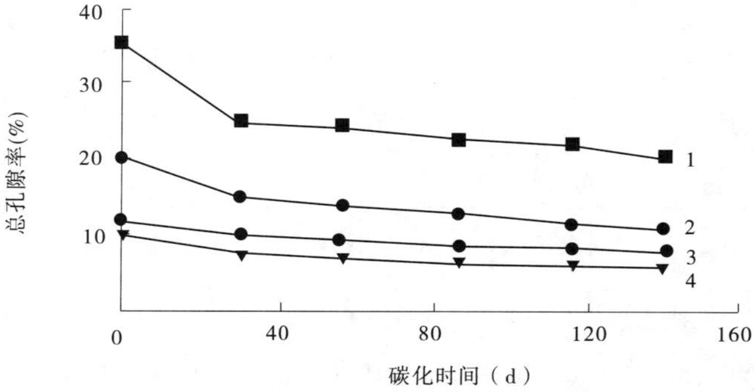


1—$M1C_1$;2—$M1C_2$;3—$M2C_1$;4—$M2C_2$

**图 4-18　碳化时间对混凝土总孔隙率的影响**

成,至 2003 年泄洪闸拆除时,混凝土龄期已近 50 a),对闸底板的混凝土(设计强度为 140 号,合 13.72 MPa)进行了钻芯取样,芯样直径 100 mm,长度 300 mm 左右。酚酞试剂检验结果表明,芯样由碳化混凝土、未碳化混凝土及两者的交接层三部分组成。孔隙结构测定仍然采用压汞法。

从表 4-8 中的测试结果可以看出，混凝土碳化层的孔隙率、平均孔径都高于未碳化混凝土；碳化交接层处的孔隙率、平均孔径趋向于碳化层的特征。总压入体积和中值孔径也有类似的特征，总孔面积特征不明显。试验所得各组混凝土芯样的孔径分布微分曲

**表 4-8　压汞法测试孔结构分析结果**

| 芯样编号 | 试样编号 | 碳化分区 | 孔隙率（%） | 总孔面积（$m^2/g$） | 总压入体积（cc/g） | 中值孔径（按体积计算）（nm） | 中值孔径（按面积计算）（nm） | 平均孔径（nm） |
|---|---|---|---|---|---|---|---|---|
| Y－2 | YA－1 | 碳化 | 15.742 | 6.337 4 | 0.076 9 | 194.1 | 16.55 | 48.47 |
| Y－2 | YA－2 | 碳化 | 14.995 | 3.815 8 | 0.068 6 | 147.9 | 35.7 | 71.19 |
| Y－2 | YA－3 | 交接层 | 14 | 3.624 6 | 0.065 1 | 130 | 37.37 | 71.87 |
| Y－2 | YA－4 | 未碳化 | 12.859 | 5.137 7 | 0.059 | 139.6 | 18.79 | 45.83 |
| 1Y－1 | 1YB－1 | 碳化 | 17.429 | 2.332 7 | 0.074 7 | 541.4 | 33 | 128 |
| 1Y－1 | 1YB－2 | 碳化 | 19.625 | 5.332 7 | 0.097 3 | 337.1 | 25.8 | 73 |
| 1Y－1 | 1YB－3 | 交接层 | 14.858 | 2.195 9 | 0.07 | 494.4 | 32.75 | 127.5 |
| 1Y－1 | 1YB－4 | 未碳化 | 12.74 | 2.341 3 | 0.057 4 | 326.1 | 25.91 | 98.04 |
| 1Y－1 | 1YB－5 | 未碳化 | 12.959 | 4.312 2 | 0.060 7 | 255.6 | 13.77 | 56.22 |
| D－6 | DC－1 | 碳化 | 12.132 | 4.432 2 | 0.054 | 112.7 | 20.49 | 48.7 |
| D－6 | DC－2 | 碳化 | 10.294 | 7.663 6 | 0.045 4 | 33.26 | 12.39 | 23.7 |
| D－6 | DC－3 | 交接层 | 10.772 | 7.452 9 | 0.048 5 | 36.98 | 14.46 | 46.05 |
| D－6 | DC－4 | 未碳化 | 8.644 | 6.854 2 | 0.040 3 | 37.1 | 11.34 | 23.51 |
| D－6 | DC－5 | 未碳化 | 9.422 | 7.401 3 | 0.041 2 | 35.4 | 11.03 | 22.29 |

线见图 4-19 ~ 图 4-21。微分曲线与横轴包纳的面积表示总孔隙率体积，在一定孔径的范围内，峰值越高说明该区内空隙体积越大，曲线峰值对应的孔径即为最可几孔径。最可几孔径表示在混凝土中小于该孔则不能形成连通的孔道，也即出现概率最大的孔径。可以看出，碳化层的峰值比未碳化层的峰值后出现，即碳化层最

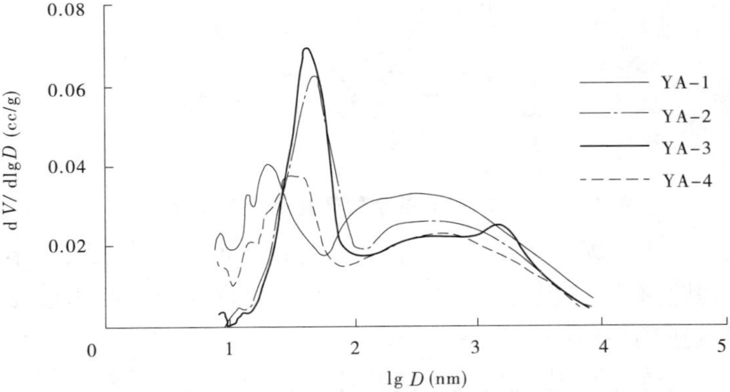


图 4-19　芯样 Y-2 各个层区孔径分布微分曲线

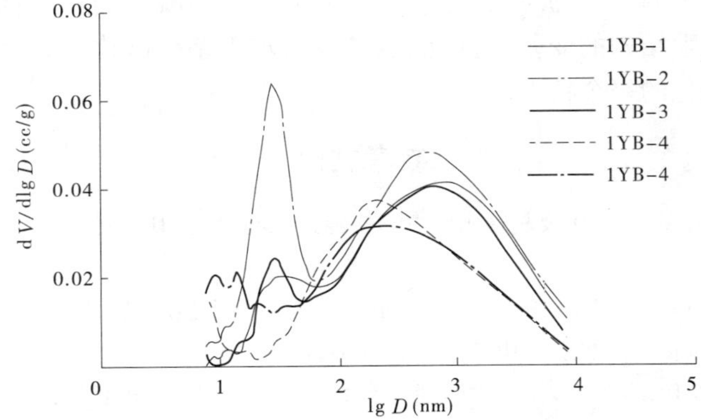


图 4-20　芯样 1Y-1 各个层区孔径分布微分曲线

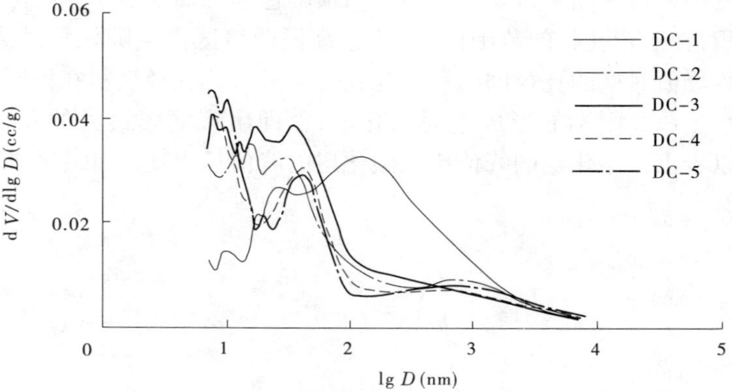


**图 4-21　芯样 D－6 各个层区孔径分布微分曲线**

可几孔径比未碳化层要大;碳化层所包纳的面积总体上大于未碳化层,其总孔隙体积较大。交接层上峰值出现在碳化与未碳化层中间,趋向于未碳化层。

一般情况下,碳化混凝土的孔隙率减少,密实度增加,但是闸底板中处于表层的碳化混凝土会受到雨水甚至是流水的冲刷,碳化混凝土的某些物质会发生流失,造成碳化混凝土的物质含量减少及孔隙结构的变差,这可能也是该类水工结构碳化混凝土孔隙结构变化的一个特点。

## 参考文献

[1] 李检保. 砼碳化及其碳化后力学性能试验与分析[D],同济大学,1997,12.

[2] M. Ю. 引申斯基,Б. T. 斯克拉姆达耶夫. 混凝土强度试验[M]. 许如源,郭永良,译. 北京:中国建筑工业出版社,1980.

[3] 姜福田. 混凝土力学性能与测定[M]. 北京:中国铁道出版社,1989.

[4] 水工混凝土试验规程[M]. 北京:中国电力出版社,2002.

[5] Robins. P. J. The Point – Load Test For Concrete Cores[J]. Magazine of

Concrete Research, 1980,6, 32,No. 111.
[6] Bungey. J. H. The Testing of Concrete in Structure[J]. Surrey university press,1982.
[7] 贾锋. 灾害结构混凝土强度现场检测方法研究[D]. 同济大学,1994.
[8] 梁发云. 碳化后混凝土基本构件力学性能研究[D]. 同济大学,1998.
[9] 范子彦. 碳化混凝土的抗压试验[D]. 同济大学,1997.
[10] 赵铁军,李淑进. 碳化对混凝土渗透性及孔隙率的影响[J]. 工业建筑,2003,1.
[11] 袁群,李宗坤,孙觅博,等. 长龄期水工钢筋混凝土的材料特性研究[R]. 河南省科研事业计划项目(341500200),2005,8.
[12] 赵国藩,赵志方,袁群,等. 新老砼的粘结机理和测试方法研究[R],国家基础性研究重大项目(攀登计划 B)《重大土木与水利工程安全性与耐久性的基础研究》之 5.2 课题,2000.
[13] 赵国藩,袁群,赵志方,等. 新老砼粘结机理研究[R]. 国家自然科学基金项目(59778045),2000.
[14] 袁群,赵国藩,赵志方. 新老混凝土粘结强度的影响因素分析[J]. 人民黄河,2000,4:31-33.
[15] 袁群,韩菊红. 混凝土粘结面粗糙度的分维评价方法[J]. 工程力学,2000 年增刊:812-816.
[16] 袁群,刘健. 新老混凝土黏结的剪切强度研究[J]. 建筑结构学报,2001,2:46-50.
[17] 袁群,赵国藩. 基于神经网络方法的新老混凝土粘结强度预测模型[J]. 建筑材料学报,2001,2:132-137.
[18] 袁群,韩菊红,于跃海. 混凝土黏结面粗糙度评价的功率谱法分维[J]. 工业建筑,2001,2:4-5.
[19] 韩菊红,袁群,张雷顺. 新老砼粘结面粗糙度处理实用方法探讨[J]. 工业建筑 2001,2:1-3.
[20] 余琼,胡克旭,朱伯龙. 旧混凝土与新混凝土结合的抗剪性能研究[J]. 四川建筑科学研究,2000,12:47-50.
[21] 赵志方,周后贵,袁群,等. 新老混凝土粘结机理研究与工程应用[M]. 北京:中国水利水电出版社,2003.

# 第五章　碳化的危害与作用

## 第一节　碳化形成收缩裂缝

碳化反应是水泥水化物与 $CO_2$ 反应生成 $CaCO_3$ 并放出水的过程。这个过程使碳化的水泥石部分密度增加，但同时要产生收缩。由于混凝土骨料的限制，碳化的水泥石内将产生拉应力，从而产生裂缝。上村的试验表明（见图5-1），对灰砂比为1∶2的砂浆进行 $CO_2$ 快速碳化试验，相对湿度50%时，碳化收缩值（$S_{b1}-S_{c1}$）最大。

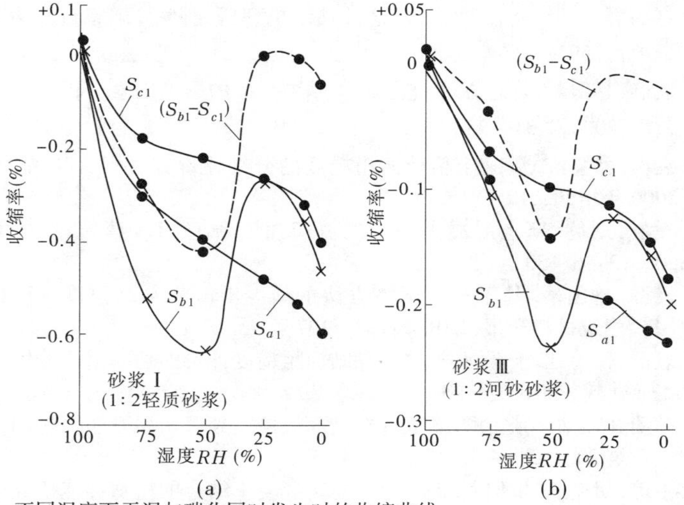


$S_{a1}$—不同湿度下干湿与碳化同时发生时的收缩曲线；

$S_{b1}$—在早期不同湿度下干燥，达到平衡后，在各种相同湿度下进行碳化时的收缩曲线；

$S_{c1}$—仅在各种湿度下进行干燥时的收缩曲线

**图5-1　在快速碳化试验中湿度与收缩率的关系**

碳化收缩裂缝一般仅发生在碳化层的混凝土内，裂缝深度较浅，缝宽较小，在混凝土表面多呈网状、龟纹状及鸡爪状分布，随着时间的延长即碳化程度的增加而逐渐密集。由于上述特点，碳化裂缝对结构的安全性一般不构成威胁，但影响结构的耐久性，使裂缝处的混凝土进一步碳化，特别是裂缝较深和宽度较大时，危害更大。

## 第二节 碳化影响混凝土的稳定

混凝土中的水化产物能否稳定存在与 pH 值的大小有很大关系。表 5-1 为混凝土水化物稳定状态所对应的最低 pH 值，当 pH 值小于表中值时，某些水化物会发生分解，从而改变混凝土的物理力学性质。因此，由于碳化对混凝土 pH 值的降低作用，将破坏混凝土的稳定结构。

**表 5-1 混凝土水化物稳定状态所对应的最低 pH 值**

| 水泥水化物 | pH 值 |
|---|---|
| $2CaO \cdot SiO_2 \cdot 1.17H_2O$ | 11.2 |
| $6CaO \cdot 6SiO_2 \cdot H_2O$ | 10.67 |
| $5CaO \cdot 6SiO_2 \cdot 5.5H_2O$ | 10 |
| $2CaO \cdot 3SiO_2 \cdot 2.5H_2O$ | 9.78 |
| $4CaO \cdot Al_2O_3 \cdot 19H_2O$ | 8.15 |
| $3CaO \cdot Al_2O_3 \cdot 6H_2O$ | 8.12 |
| $3CaO \cdot Al_2O_3 \cdot CaSO_4 \cdot 12H_2O$ | 7.98 |
| $3CaO \cdot Al_2O_3 \cdot 3CaSO_4 \cdot 31H_2O$ | 7.84 |

# 第三节　碳化引发钢筋锈蚀

## 一、钢筋锈蚀的机理

混凝土中钢筋的锈蚀属于电化学腐蚀。在常温下，氧化物与钢筋的直接化学反应是比较难的，但当钢筋周围存在着利于电化学反应的物质时，钢筋就会以这种方式腐蚀生锈。钢筋表面的电化学反应必须具备 4 个条件：

（1）钢筋表面具有电化学不均匀性，即有电位负的阳极区和电位较正的阴极区，它们之间具有电位差 $\Delta V$。

（2）在阳极区与阴极区之间，电解质溶液电阻 $R$ 较小。

（3）在阳极区，钢筋表面处于活化状态，铁易离子化 $Fe^{2+}$ 并同时放出游离电子 e，即阳极极化率 $P_A$ 较小。

（4）在阴极区，钢筋表面上电解质具有足够的氧化剂，通常是水和氧，它们与阳极区游离来的电子反应生成 $OH^-$，即阴极极化率 $P_K$ 较低。

上述电化学过程见图 5-2 和式(5-1)～式(5-3)：

$$\text{阳极区：}2Fe \rightarrow 2Fe^{2+} + 4e \tag{5-1}$$

$$\text{阴极区：}4e + 2H_2O + O_2 \rightarrow 4OH^- \tag{5-2}$$

$$\text{综合为：}2Fe + O_2 + 2H_2O \rightarrow 2\,Fe(OH)_2\text{（铁锈）} \tag{5-3}$$

电化学速率 $I$ 与这 4 项条件的关系为

$$I = \frac{\Delta V}{R + P_A + P_K} \tag{5-4}$$

我们知道，混凝土是由砂、石和孔隙组成的，钢筋的金相组织由碳素体、铁元素和杂质组成，这些不同材料造成的不均匀性，使上述电化学反应的第(1)个条件非常容易满足。在实际工程中，混凝土孔隙中往往存在水，这些水就成为连接阳极区与阴极区的

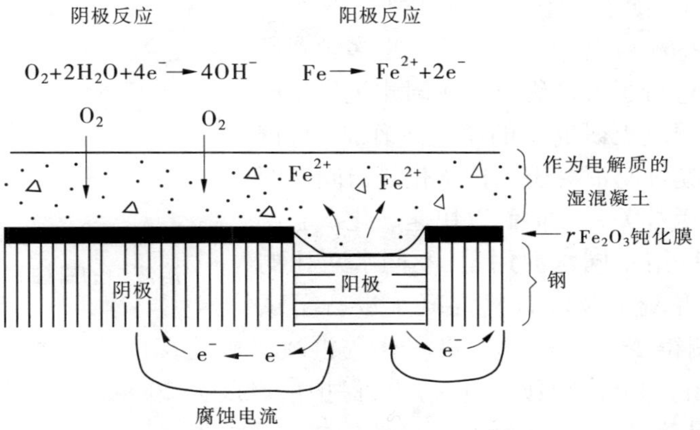


**图 5-2　钢筋电化学腐蚀示意图**

电解质溶液,也使第(2)个条件容易满足。由于水中溶解有氧气并能通过混凝土的孔隙到达钢筋表面,因此第(4)个条件也容易满足。那么第(3)个条件就是钢筋是否产生锈蚀的关键。在未碳化混凝土中,由于氢氧化钙的存在,混凝土的 pH 值一般在 12.5 左右,在这样的高碱度环境下,钢筋表面会形成一层厚 2 ~ 10 μm 的致密尖晶石固溶体 $Fe_3O_4-\gamma Fe_2O_3$ 膜,它牢固地吸附在钢筋表面,使钢筋难以进行阳极反应,破坏了钢筋发生电化学反应的第(3)个条件,使钢筋免遭锈蚀,因此此膜称为保护膜或钝化膜。

钝化膜能否稳定存在与混凝土的 pH 值有直接关系。当 pH <9.88 时,钢筋表面没有钝化膜而处于活化状态;当 pH≥9.88 时,钝化膜开始生成;当 pH≥11.5 时,钝化膜完整致密。因此,pH≥11.5是钢筋受到保护而不会锈蚀的最低碱度。图 5-3 为钢筋在不同 pH 溶液中的腐蚀重量损失曲线,当 pH <12 时,钢筋的腐蚀程度明显增大。

由第二章可以知道,碳化的直接后果是降低混凝土的 pH 值,使钢筋表面的钝化膜处于激活状态,从而引发钢筋的锈蚀。一般情况下，随着碳化深度的增加，钢筋的锈蚀率相应增加。国内外的很多学者都对此进行了大量研究。我国建筑科学研究院混凝土研究所的研究工作证明，钢筋的锈蚀与混凝土的抗碳化能力间有明显的函数关系。他们以快速碳化试验法对200组不同水泥用量、不同水灰比的普通混凝土及轻骨料混凝土进行了试验，测得了钢筋锈蚀失重率 $A$ 与混凝土碳化深度 $L$ 的函数关系（见图5-4）。经回归分析得出，保护层厚度为20 mm时的钢筋失重率与混凝土28 d碳化深度的函数关系式为

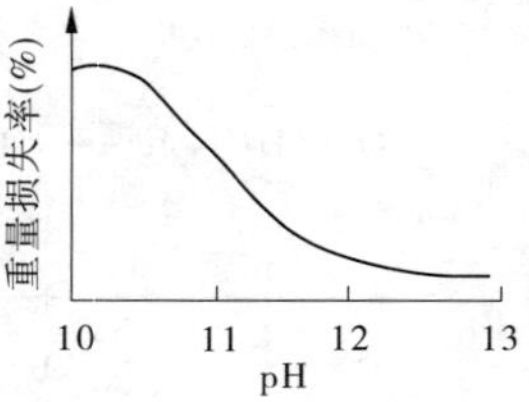


图5-3　钢筋在不同pH值溶液中的腐蚀率

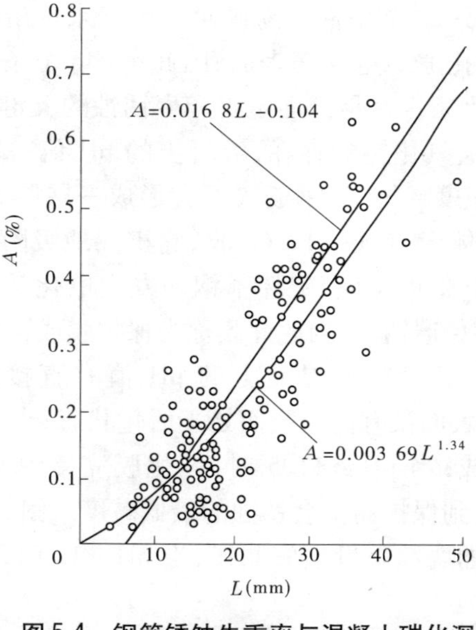


图5-4　钢筋锈蚀失重率与混凝土碳化深度的关系

$$A = 0.00369L^{1.34} \tag{5-5}$$

或

$$A = 0.0168L - 0.104 \tag{5-6}$$

式中　$A$——混凝土保护层厚度为 20 mm 时的钢筋锈蚀失重率（%）；

$L$——龄期 28 d 的混凝土碳化深度，mm。

公式(5-5)中的相关系数 $r = 0.80$，而公式(5-6)中的相关系数 $r = 0.872$。前者相关系数虽略低于后者，但其物理含义明确（$L = 0$ 时 $A = 0$），且与实际情况相符。

## 二、钢筋锈蚀的危害

钢筋锈蚀是钢筋混凝土结构的致命病害。由于锈蚀钢筋本身的力学性能出现劣化，其屈服强度、抗拉强度和极限延伸率随锈蚀程度的增加而降低。在一般情况下，混凝土开裂以前，钢筋锈蚀量较小，截面损失率不超过 2% ~3%，此时钢筋还属于弱腐蚀阶段，热轧钢筋的应力—应变曲线仍具有明显的屈服点，钢筋的极限伸长率基本上大于规范最小允许值，钢筋的屈服强度及抗拉强度可以与母材相同来考虑，承受荷载的计算则需考虑截面的折减，对结构计算影响不大。而一旦混凝土保护层开裂，钢筋锈蚀速度必然加快。当截面损失大于 10% 时，钢筋的屈服点将不很明显，钢筋的极限延伸率已小于规范的最小允许值，其屈服强度、抗拉强度和极限延伸率都有折减。同时，由于锈蚀钢筋的体积会膨胀 3 ~4 倍，一定程度上导致混凝土保护层胀裂，严重损伤钢筋与混凝土的黏结力。有的学者将黏结力的降低系数归结为

$$\beta_b = e^{-2.1b}(0.13 + 0.5c/D) \tag{5-7}$$

式中　$\beta_b$——黏结力降低系数；

$b$——裂缝宽度，mm；

$c$——混凝土保护层厚度，mm；

$D$——钢筋直径，mm。

在两点加载简支梁试验中，主筋锈蚀 10% 的梁和主筋锈蚀 0%、5% 的梁相比，垂直裂缝变得明显稀疏，斜裂缝的发展区域向跨中靠近，梁的延性降低，承载力下降。因此，钢筋锈蚀引起混凝土保护层产生顺筋开裂是混凝土碳化的严重后果之一。

## 三、顺筋裂缝开裂分析

### （一）混凝土保护层开裂时间确定

混凝土保护层产生顺筋裂缝经历 $t_c$、$t_{\zeta\Delta R}$ 两个时间段。$t_c$ 是混凝土保护层完全碳化所需的时间，$t_{\zeta\Delta R}$ 是混凝土保护层完全碳化，钢筋开始锈蚀到混凝土保护层胀裂所需的时间。关于 $t_c$，已取得的研究成果归纳起来可表示为

$$t_c = \left(\frac{c}{w}\right)^2 \tag{5-8}$$

式中　$c$——混凝土保护层厚度，mm；

$w$——混凝土碳化速度系数，mm/a；

$t_c$——混凝土保护层完全碳化所需时间，a。

混凝土碳化是由表及里逐渐推进的，钢筋的钝化膜破坏也是由浅向深逐渐发生的。$O_2$ 在混凝土中的扩散遵守 Fick 第一定律：

$$N_{O_2} = D_e^0 \frac{d[O_2]}{dx} \tag{5-9}$$

式中　$N_{O_2}$——$O_2$ 扩散速度，mol/(m$^2$ · s)；

$D_e^0$——$O_2$ 在已碳化混凝土孔隙中的有效扩散系数，m$^2$/s；

$[O_2]$——$O_2$ 的浓度，mol/m$^3$；

$x$——混凝土的深度，m。

$O_2$ 的浓度由表及里逐渐降低。可以认为，钢筋的锈蚀仅发生在混凝土碳化区，并且锈蚀层的厚度是不均匀的，靠近混凝土表面的锈蚀层比较厚，远离混凝土表面的钢筋锈蚀层比较薄。

下面以圆钢为例进行分析。图 5-5 中锈蚀钢筋区 $S_{AMBN}$ 的面积为

$$S_{AMBN} = 2R\theta\Delta R \tag{5-10}$$

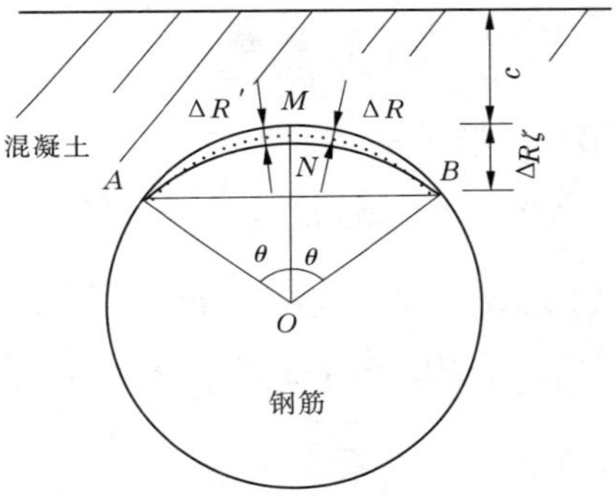


$\Delta R$—钢筋锈蚀层平均厚度；

$\Delta R'$—钢筋锈蚀层实际厚度

**图 5-5　锈蚀钢筋示意图**

则单位长度的钢筋锈蚀量体积为

$$V_{AMBN} = 1 \cdot S_{AMBN} = 2R\theta\Delta R \tag{5-11}$$

且

$$\Delta R = R(1 - \cos\theta)/\zeta \tag{5-12}$$

将式(5-12)代入式(5-11)得

$$V_{AMBN} = 2R^2\theta(1 - \cos\theta)/\zeta \tag{5-13}$$

日本学者研究发现,当混凝土保护层开裂时,钢筋锈蚀量为 $V_{cr}$：

$$V_{cr} = 1.204R(1 + \frac{c}{R})^{0.85} \times 10^{-3} \tag{5-14}$$

式中　$R$——钢筋设计半径,mm;

　　$c$——混凝土保护层厚度,mm。

因此,由式(5-13)、式(5-14)得到

$$\theta(1-\cos\theta)=0.0772\frac{\zeta}{R}\left(1+\frac{c}{R}\right)^{0.85} \tag{5-15}$$

由式(5-15)得

$$\frac{\mathrm{d}\zeta}{\mathrm{d}\theta}=\frac{1-\cos\theta+\theta\sin\theta}{\frac{0.0772}{R}\left(1+\frac{c}{R}\right)^{0.85}}>0\quad(\theta>0) \tag{5-16}$$

因此,$\zeta$ 和 $\theta$ 是单调递增关系。由式(5-12)得

$$\mathrm{d}(\Delta R)=\frac{R}{\zeta}\sin\theta\mathrm{d}\theta-\frac{R(1-\cos\theta)}{\zeta^2}\mathrm{d}\zeta \tag{5-17}$$

将式(5-15)及式(5-16)代入式(5-17)得

$$\frac{\mathrm{d}(\Delta R)}{\mathrm{d}\theta}=-\frac{0.0772}{\theta^2}\left(1+\frac{c}{R}\right)^{0.85}<0\quad(\theta>0) \tag{5-18}$$

因此,$\Delta R$ 和 $\theta$ 是单调递减关系。

混凝土保护层胀裂以前,随混凝土碳化深度增加,$\theta$ 角增大,$\zeta$ 值也增大。但是,当 $\theta$ 角增加时,钢筋锈蚀层厚度减小,这一点和实际情况似乎是矛盾的。$\theta$ 角大,表明碳化深度较大,相应碳化作用时间较长,钢筋被锈蚀的时间也较长,那么钢筋锈蚀层厚度也必然应较大。但是应该注意到,上边分析中所用的 $\Delta R$ 是钢筋锈蚀层的平均厚度,而非实际厚度 $\Delta R'$。可以证明,钢筋锈蚀弧线 $\widehat{L_{AMB}}$(见图 5-5)的长度随碳化深度的变化率与 $\theta$ 角有关,$\theta$ 角大,其变化率小;$\theta$ 角小,其变化率大。在混凝土保护层开裂以前,由于钢筋锈蚀总量较小,混凝土碳化深度与 $\theta$ 角较小,因此混凝土碳化深度的少许增加,钢筋锈蚀弧线 $\widehat{L_{AMB}}$ 的长度就增加较多,而钢筋锈蚀总量增加的却有限,因此钢筋锈蚀层的平均厚度 $\Delta R$ 必然变小。

一般来说,混凝土保护层完全碳化到出现锈蚀裂缝的时间间隔较短,因此混凝土保护层的开裂时间 $t_{\zeta\Delta R}$ 与 $t_{\Delta R}$ 不应相差较多,作为趋势分析,现假设其相对差值不大于 5%:

$$\frac{t_{\zeta\Delta R}-t_{\Delta \mathrm{R}}}{t_{\zeta\Delta R}}\leqslant 5\% \tag{5-19}$$

式中　$t_{\zeta\Delta R}$——混凝土碳化发展至 $c+\zeta\Delta R$（见图 5-5）所用时间，

$$t_{\zeta\Delta R}=\left(\frac{c+\zeta\Delta R}{w}\right)^2,\text{a};$$

$t_{\Delta R}$——混凝土碳化发展至 $c+\Delta R$（见图 5-5）所用时间，

$$t_{\Delta R}=\left(\frac{c+\Delta R}{w}\right)^2,\text{a}。$$

将式(5-19)化简后得

$$\zeta\leqslant\frac{R(1-\cos\theta)}{c(\sqrt{0.95}-1)+\sqrt{0.95}R(1-\cos\theta)} \tag{5-20}$$

联立式(5-12)、式(5-15)、式(5-20)可解出 $\zeta$、$\theta$、$\Delta R$。

选用工程中常用的混凝土保护层厚度 $c$、钢筋设计半径 $R$，计算混凝土保护层开裂时的 $\theta$ 角、钢筋锈蚀层平均厚度 $\Delta R$ 及时间比 $t_{\zeta\Delta R}/t_c$，结果绘于图 5-6。

**（二）混凝土保护层开裂时的内压应力**

一般来讲，在相同的条件下，混凝土保护层产生的顺筋裂缝在一定范围内同时出现，因此在钢筋轴线上分析单位长度锈蚀钢筋对混凝土保护层的内压应力具有一定的代表性。

假定锈蚀钢筋造成的内压应力作用线通过钢筋圆心（见图 5-7），钢筋锈蚀区的混凝土保护层看做两端固结的小梁。不考虑深梁的影响，则混凝土保护层开裂处的跨中弯矩为

$$M=\sigma R^2\sin^2\theta/6 \tag{5-21}$$

混凝土保护层开裂时，其外边缘的拉应力应等于混凝土的抗拉强度，得到

$$\sigma=\frac{c^2f_{cr}}{R^2\sin^2\theta} \tag{5-22}$$

将前边计算得到的 $\theta$ 角代入上式，得到不同混凝土保护层厚度、钢筋半径下的 $\sigma/f_{cr}$，结果绘于图 5-6(c)中。

**（三）计算结果分析**

混凝土保护层开裂时，钢筋锈蚀范围（用 $\theta$ 角度量）、钢筋锈

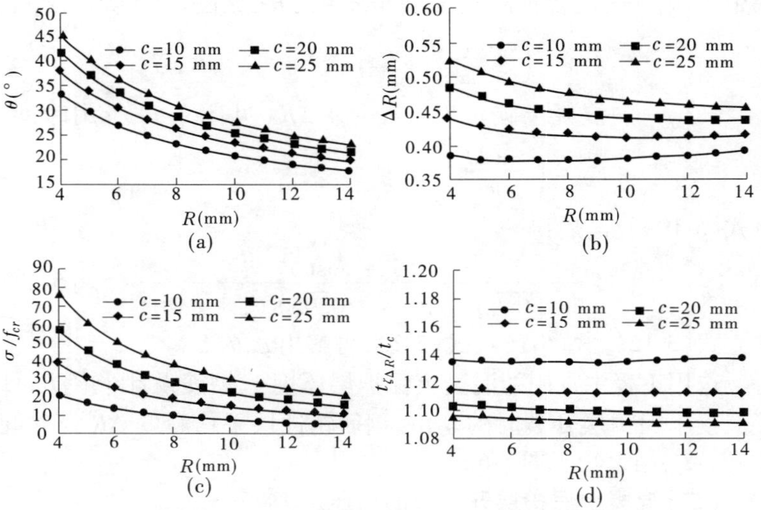


图 5-6　顺筋裂缝开裂时的 $\theta$ 角、锈蚀层厚度 $\Delta R$、应力比 $\sigma/f_{cr}$ 及时间比 $t_{\zeta\Delta R}/t_c$

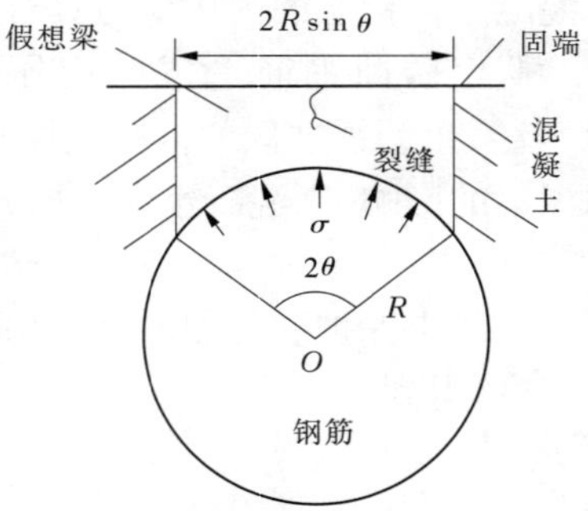


图 5-7　混凝土开裂模型示意图

蚀层平均厚度 $\Delta R$，混凝土开裂时间比 $t_{\zeta\Delta R}/t_c$ 和开裂应力比 $\sigma/f_{cr}$ 有如下特点：

(1) 混凝土保护层厚度不变时，随钢筋半径增加，钢筋锈蚀范围变小；而对同一种钢筋，钢筋锈蚀范围随混凝土保护层厚度的增加而扩大。

(2) 如果混凝土保护层较厚，钢筋锈蚀层就较厚；如果钢筋半径较大，则钢筋锈蚀层平均厚度就向小的趋势发展。

(3) 在算例条件下，由于 $t_{\zeta\Delta R}/t_c \in [1.092, 1.137]$，因此如果混

凝土保护层已被完全碳化，那么混凝土保护层就基本上处于开裂的边缘。例如，一混凝土保护层为 20 mm，钢筋半径为 8 mm 的结构，假定完全碳化混凝土保护层需要 20 a，那么 2 a 后混凝土保护层就会开裂。

(4)混凝土保护层越厚，钢筋半径越小，混凝土保护层开裂时，锈蚀钢筋形成的内应力也越大。

## 第四节　碳化抑制混凝土的盐霜

混凝土的“盐霜”是指，在雨水冲淋或经水浸泡作用后，混凝土中一部分 $Ca(OH)_2$ 被溶解，$Ca^{2+}$ 沿着混凝土毛细孔向表面析出，当天气转晴或混凝土失水干燥后，随着混凝土中的水分蒸发，这种析出作用更加明显，之后钙盐留在混凝土表面，形成不均匀的白色斑痕，形成所谓的“盐霜”。

随着生活水平的提高，人们对混凝土制品的质量及美观的要求不断提高，由于“盐霜”严重影响了混凝土的外观，因此“盐霜”的治理也就成为人们关注的一个问题。

为解决“盐霜”问题，除了在混凝土配合比、养护和使用过程中采取一些措施外还可以利用碳化的方法来抑制“盐霜”。研究发现，聚异氰酸盐与水反应可以缓慢持续释放 $CO_2$，在混凝土制作时掺入这种物质，则在混凝土水化过程中，聚异氰酸盐与水反应生成的 $CO_2$ 与混凝土中的 $Ca(OH)_2$ 反应生成 $CaCO_3$，预先造成混凝土的“内部碳化”，可有效地减少混凝土中 $Ca(OH)_2$ 的含量。热失重分析及模拟试验表明，采取这种措施后，混凝土中 $Ca(OH)_2$ 的含量可减少 50% ~70%，混凝土的“盐霜”得到有效控制。

另外，在自然环境中，也是由于 $Ca^{2+}$ 的析出作用，染色混凝土的颜色会发生变化，影响美观。基于同样道理，“内部碳化”方法也是提高染色混凝土稳定性的一种手段。

## 第五节　碳化保护混凝土中的玻璃纤维

为改善混凝土的性能，根据需要可在混凝土中掺入玻璃纤维达到增强、阻裂和增韧的作用。然而，由于混凝土中的碱度较高，碱 - 硅反应易使玻璃纤维受到侵蚀，受损后的玻璃纤维抗拉强度受到削弱，影响了玻璃纤维作用的发挥。

为解决这一问题，在混凝土中掺入一定量的粉煤灰、硅灰、矿渣粉或火山灰替代水泥，并掺入聚异氰酸盐液，这样上述掺合料的二次水化作用和"内部碳化"将消耗混凝土中的 $Ca(OH)_2$，降低混凝土的碱度，保护玻璃纤维。

另一种做法是，先将玻璃纤维在聚异氰酸盐液中浸渍，然后搅拌到混凝土中，这样由于玻璃纤维周围的"内部碳化"作用，在玻璃纤维周围形成了一层碱度很低的保护层，使玻璃纤维免遭侵蚀。日本学者的试验表明，这种方法处理过的玻璃纤维混凝土抗拉强度比无碳化处理的抗拉强度明显提高，在显微镜下也可看到混凝土中的玻璃纤维完好无损。

## 第六节　碳化有利于快速养护

瑞典科研人员对混凝土进行了真空碳化快速养护的试验研究。即在混凝土制作成型后，进行真空脱水，然后趁混凝土中形成一定真空时，引入有一定压力的 $CO_2$ 气体，养护半个小时即可脱模。其养护机理如下：

(1)真空条件易于 $CO_2$ 气体渗入混凝土中，造成接触和反应的必要条件。

(2)水泥主要矿物成分的碳化反应为放热反应，混凝土内部温度可达到 60 ~ 70℃，有利于混凝土的水化反应。

(3)水化产物水化硅酸钙发生碳化,生成碳酸钙和硅凝胶,使 $Ca^{2+}$ 不断减少,促进了水化硅酸钙的分解和进一步碳化,加速了硅酸三钙和硅酸二钙的水化反应,最终使水泥水化硬化进程加快。

有关试验表明,对于普通干硬性混凝土,采用这种方法进行养护,脱模强度可达正常养护混凝土 1 d 强度的 50% 和 28 d 强度的 25%,28 d 强度完全达到正常养护混凝土的 28 d 强度。对于轻骨料混凝土,效果更好,脱模强度可达正常养护 28 d 强度的 40%。

碳化养护可以利用燃料(油或煤)燃烧后经过处理的废气来做,因此该方法具有养护时间短,节省能源,混凝土早期强度高的特点,可用于混凝土薄板、无细轻骨料、轻骨料加心混凝土和泡沫混凝土的生产。

## 第七节　碳化对混凝土无损测强的影响

### 一、对回弹法测强的影响分析

混凝土强度是混凝土结构中的一项重要指标。只有混凝土强度满足要求,建筑结构才能安全与耐久。由于混凝土结构会在施工或养护时出现问题,或者由于使用中的建筑物遭到意外事故损害,或者由于既有建筑物的增层改造,或者结构出现老化病害时,对结构进行质量评估是必须要做的工作,而其中的一项重要内容就是对混凝土强度进行检测评定,因此采用无损或半破损方法检测结构中的混凝土强度,是工程实践的客观需要。

自 1948 年瑞士的施米特(E. Schmidt)发明回弹仪以来,回弹法测强就在苏联、德国及日本等许多国家得到应用。在我国,回弹法测强已制定有执行规程。试验表明,回弹法测试中,影响回弹测值的因素包括混凝土养护条件、混凝土模板材料、混凝土表面湿度、回弹仪测试角度、混凝土测试面位置及混凝土碳化深度等。由于混凝土碳化的硬壳作用，混凝土强度相同时，龄期越长，碳化深度越大，回弹值也越大，但是当碳化深度大于 5 ~ 6 mm 后，回弹值 $N$ 随碳化深度 $L$ 的增长才渐趋平缓（见图 5-8、图 5-9）。

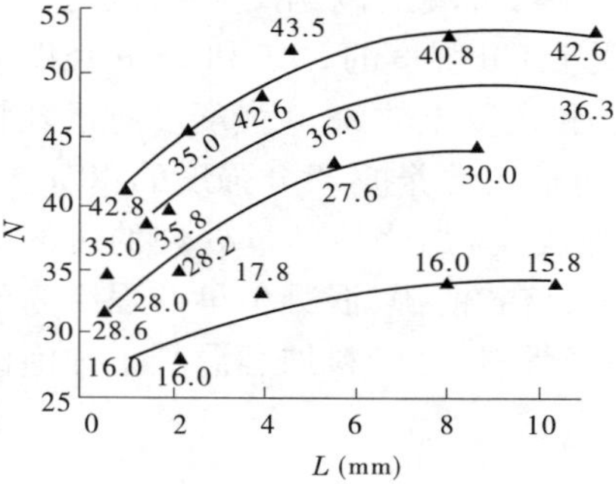


图 5-8　回弹值 $N$—碳化深度 $L$ 的等强关系曲线（人工碳化，图中数字为混凝土强度）

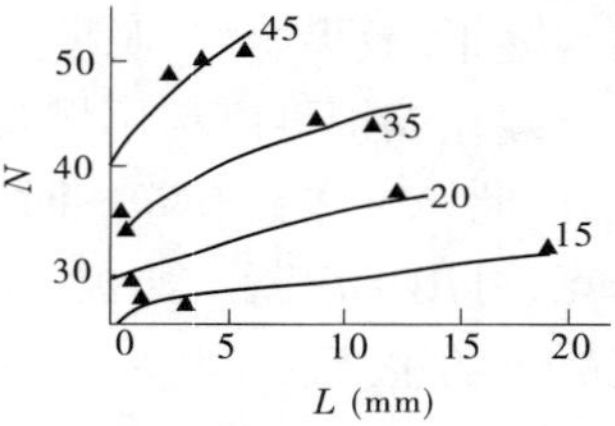


图 5-9　回弹值 $N$—碳化深度 $L$ 的等强关系曲线（自然碳化，图中数字为混凝土等级）

鉴于碳化深度对回弹测值具有显著的影响，回弹法测定混凝土强度时，碳化是必须考虑的一个重要因素。为了避免碳化的影响，目前国外通常在龄期较短的混凝土上（如 56 d）运用回弹法评价其强度，而对长龄期混凝土，则必须磨去碳化层后才能进行，这不仅限制了回弹法的应用范围，而且增加了现场测试时的工作量。我国则将碳化深度作为自变量，建立了混凝土强度与回弹值及碳化深度的双参数拟合方程。计算表明，同批数据计算的拟合方程中，含有回弹值及碳化深度双参数的评定精度比只有回弹值一个参数的评定精度有显著的提高。目前我国采用双参数制定的统一测强曲线，是按照统一的试验方法在全国 12 个地区、省、市采集 2 000余组基本数据，试算了 300 多个拟合方程后，根据既满足检测精度要求，又方便使用且适应性强的原则而选定的（见式(5-23)，图 5-10）：

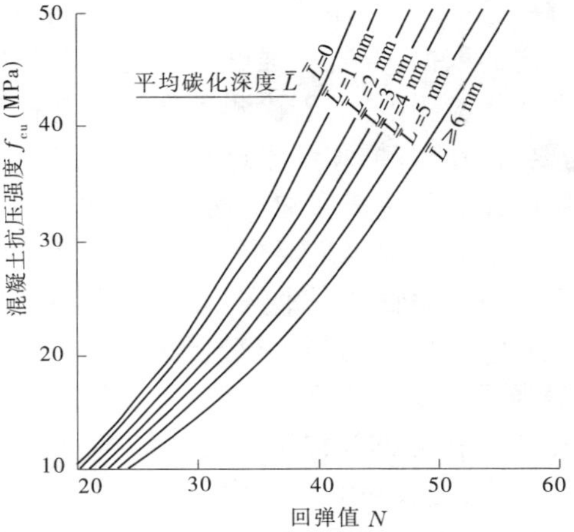


**图 5-10 不同碳化深度的回弹法统一测强曲线**

$$mf_{cu}^{c} = 0.024\ 97N^{2.010\ 8} \times 10^{-0.035\ 8\bar{L}} \tag{5-23}$$

式中 $mf_{cu}^{c}$——混凝土抗压强度推定值,MPa;

$N$——回弹值;

$\bar{L}$——碳化深度平均值。

## 二、综合评定混凝土的强度

回弹法实际上是通过检测混凝土表面的硬度换算得到混凝土的强度的,因此表层混凝土的质量及碳化状况对测试结果影响较大,评定的精度相对较差。因而在此基础上发展起来的超声回弹法测强技术,利用混凝土强度高,超声声速也高的特性,由超声信号将构件内部混凝土的强度信息带出,然后对内外混凝土的强度信息进行综合分析,自然得到的混凝土强度就比回弹法的真实可靠。

采用回弹法或超声回弹法对结构进行混凝土强度检测时,相应规范对应用范围、检测方法、仪器设备、构件检测数量、测区数目及数据处理方法等都有严格的规定。如果超出规定的适用条件就失去了检测评定的依据,混凝土强度的评定精度及代表性就难以保证。但是在实际检测中,由于检测条件难免会和要求的有所出入,这时就需要对检测数据和结果进行修正。当工程结构中的混凝土强度采用回弹法和超声回弹法两种方法检测评定,且每种方法的适用条件又不能全部满足要求时,如何合理可靠地评定结构的混凝土强度是现在面临的一个实际问题,本书结合一工程实例采用 Bayes 方法对此类问题进行了分析。

**(一)工程概况及现场检测**

某一在建建筑物为钢筋混凝土框架结构,设计地上 8 层(局部 9 层),地下 1 层,筏板基础,基础之下的地基由喷粉桩加固。当上部结构施工到 ±0 以上两层时,业主才发现施工存在严重质量问题,板、梁、柱中有许多蜂窝和麻面,混凝土保护层厚度不够及箍筋普遍出露,随即决定拆除 ±0 以上两层,并对地下室部分进行检测评定。地下室共有 43 根柱子,其中 6 根中柱截面尺寸为 650 mm × 650 mm,其他 37 根柱子截面尺寸为 600 mm × 600 mm,柱高 2. 7 m。柱子混凝土强度设计等级为 C35。

柱子混凝土强度检测最初采用回弹法,此时混凝土龄期已近 1 年半。按照要求,被检测的柱子应不少于总数的 30%,且每根柱子不少于 10 个回弹测区,因此至少应有 129 个回弹测区。实际检测 13 根柱子,布置回弹测区 150 个,碳化测点 43 个,检测数据见表 5-2。

**表 5-2 回弹法检测柱子混凝土强度数据汇总**

| 构件名称 | 碳化值(mm) | | | 测区混凝土强度换算值 | | | |
|---|---|---|---|---|---|---|---|
| | 平均值 | 标准差 | 最大值 | 测区数(个) | 平均值(MPa) | 标准差(MPa) | 最小值(MPa) |
| 柱子 | 1.5 | 0.92 | 3.0 | 150 | 41.4 | 3.80 | 29.6 |

按式(5-24)和式(5-25)可以分别求出混凝土强度的两个待定推定值：

$$f_{cu,e_1} = m_{f_{cu}^c} - 1.645S_{f_{cu}^c} \tag{5-24}$$

$$f_{cu,e_2} = m_{f_{cu,min}^c} \tag{5-25}$$

式中　$m_{f_{cu}^c}$——该批柱子混凝土强度平均值，MPa；

$S_{f_{cu}^c}$——该批柱子混凝土强度标准差，MPa；

$m_{f_{cu,min}^c}$——该批每个柱子中最小的测区混凝土强度换算值的平均值，MPa。

所有柱子按批处理，求得混凝土强度$f_{cu,e} = \max(f_{cu,e_1}, f_{cu,e_2}) = 35.15$ MPa。由于考虑到回弹法测强本身具有的不足，以及混凝土的施工质量较差，随后又增加了超声回弹法检测。按要求，超声回弹测区也应有129个，实际布置了71个，且钻取了5个芯样对超声回弹法的混凝土换算强度进行了修正(结果见表5-3)。

**表5-3　超声回弹法检测柱子混凝土强度数据汇总**
**(已经过混凝土取芯修正)**

| 构件名称 | 测区混凝土强度换算值 | | |
|---|---|---|---|
| | 测区数(个) | 平均值(MPa) | 标准差(MPa) |
| 柱子 | 71 | 41.0 | 5.18 |

当将柱子作为批处理时，将表5-3的数据代入式(5-26)计算柱子的混凝土强度，得到$f_{cu,e} = 32.48$ MPa。

$$f_{cu,e} = \bar{f}_{cu}^c - 1.645S_f \tag{5-26}$$

式中　$f_{cu,e}$——该批柱子的混凝土强度推定值，MPa；

$\bar{f}_{cu}^c$——所有测区混凝土强度换算值的平均值，MPa；

$S_f$——所有测区混凝土强度换算值的标准差，MPa。

由回弹法和超声回弹法得到了柱子两个不同的混凝土强度值，因此怎样合理地评定柱子的混凝土强度是一个实际问题。虽然超声回弹法检测混凝土强度比回弹法可靠,但是由于超声回弹法测区数量不够,客观上造成了小样本事件,因此如果单独用超声回弹法推断柱子的混凝土强度,仍然缺乏足够的可靠性。分析表明,利用 Bayes 方法将上述检测数据综合分析,可以更合理可靠地评定柱子的混凝土强度。

**(二)混凝土强度确定**

由于实例中超声回弹测区数量相对较少,测区混凝土强度换算值的平均值 $\bar{f}^{c}_{cu}$ 和标准差 $S_f$ 的可靠性较差,因此由式(5-26)推定柱子混凝土强度的可靠性就差,作为补救措施,可以通过 Bayes 方法分析,提高 $\bar{f}^{c}_{cu}$ 和 $S_f$ 的可靠性。一般情况下,假定超声回弹测区混凝土强度换算值 $f^{c}_{cu,i}(i=1,2,\cdots,n)$ 是来自正态分布的随机样本,但是其均值 $m$ 和均方差 $\sigma$ 是未知的,当实际检测得到一组数据 $f^{c}_{cu,i}(i=1,2,\cdots,n)$ 时,由 Bayes 公式得

$$f''(m,\sigma/f^{c}_{cu,i}) = k\prod_{i=1}^{n} f(f^{c}_{cu,i}/m,\sigma)f'(m,\sigma) \quad (i=1,2,\cdots,n) \tag{5-27}$$

$$k = 1/\int_{-\infty}^{+\infty}\int_{-\infty}^{+\infty}\prod_{i=1}^{n} f(f^{c}_{cu,i}/m,\sigma)f'(m,\sigma)\mathrm{d}m\mathrm{d}\sigma, \text{为一常数}$$

式中　$f''(m,\sigma/f^{c}_{cu,i})(i=1,2,\cdots,n)$——后验概率密度函数;

$\prod_{i=1}^{n} f(f^{c}_{cu,i}/m,\sigma) = \prod_{i=1}^{n}\frac{1}{\sqrt{2\pi}\sigma}\exp\left[-\frac{1}{2}\left(\frac{f^{c}_{cu,i}-m}{\sigma}\right)^2\right]$——似然函数;

$f'(m,\sigma)$——先验分布密度函数 。

进一步假设,$m$ 和 $\sigma$ 的先验联合分布密度函数为一正态-Gamma 分布,记做

$$f'(m,\sigma) = \left\{\frac{1}{\sqrt{2\pi}\sigma/\sqrt{n'}}\exp\left[-\frac{1}{2}\left(\frac{m-(\bar{f}^{c}_{cu})'}{\sigma/\sqrt{n'}}\right)^2\right]\right\}\cdot$$

$$\left\{\frac{[(n'-1)/2]^{(n'+1)/2}}{\Gamma[(n'+1)/2]}\left(\frac{S_f'^2}{\sigma^2}\right)^{(n'-1)/2}\cdot\right.$$

$$\exp\left(-\frac{n'-1}{2}\cdot\frac{S_f'^2}{\sigma^2}\right)\Big\} \tag{5-28}$$

由于正态分布和正态 - Gamma 分布是一对共轭分布，因此依照有关定理知道 $m$ 和 $\sigma$ 的后验概率密度函数也为一正态 - Gamma 分布，表达式形如式(5-28)，但是 $n'$、$S_f'$、$(\bar{f}_{cu}^{c})'$ 应分别用 $n''$、$S_f''$、$(\bar{f}_{cu}^{c})''$ 代替。采用式(5-29) ~ 式(5-32)可以得到先验分布中 $m$ 与 $\sigma$ 的期望和方差：

$$E'(m) = (\bar{f}_{cu}^{c})' \tag{5-29}$$

$$D'(m) = (S_f')^2\left[\frac{n'-1}{n'(n'-3)}\right] \tag{5-30}$$

$$E'(\sigma) = S_f'\sqrt{\frac{n'-1}{2}}\frac{\Gamma[(n'-2)/2]}{\Gamma[(n'-1)/2]} \tag{5-31}$$

$$D'(\sigma) = (S_f')^2\left(\frac{n'-1}{n'-3}\right) - [E'(\sigma)]^2 \tag{5-32}$$

相应后验分布中 $m$ 与 $\sigma$ 的期望和方差也形如式(5-29) ~ 式(5-32)，同样 $n'$、$S_f'$、$(\bar{f}_{cu}^{c})'$ 应分别用 $n''$、$S_f''$、$(\bar{f}_{cu}^{c})''$ 代替。以上变量关系见式(5-33) ~ 式(5-35)：

$$n'' = n' + n \tag{5-33}$$

$$n''(\bar{f}_{cu}^{c})'' = n'(\bar{f}_{cu}^{c})' + n\bar{f}_{cu}^{c} \tag{5-34}$$

$$(n''-1)(S_f'')^2 + n''[(\bar{f}_{cu}^{c})'']^2 = (n'-1)(S_f')^2 + n'[(\bar{f}_{cu}^{c})']^2 + (n-1)(S_f)^2 + n(\bar{f}_{cu}^{c})^2 \tag{5-35}$$

式中　$n'$、$S_f'$、$(\bar{f}_{cu}^{c})'$——先验信息中等值样本数量、等值样本标准差及等值样本均值；

$n$、$S_f$、$\bar{f}_{cu}^{c}$——超声回弹测区换算强度的数量、标准差及均值；

$n''$、$S_f''$、$(\bar{f}_{cu}^{c})''$——后验等值样本数量、等值样本标准差及等值样本均值。

前述应用回弹法已对柱子混凝土强度进行了检测，虽然存在可靠性差等不利因素，但是如果将它作为确定先验分布中的参数还是可行的，因此作为等值样本，由表5-2中的数据可以得到 $n' = 150$、$S'_f = 3.80$、$(\bar{f}^{\,c}_{cu})' = 41.4$。将上述数据连同表5-3中的数据 $n = 71$、$S_f = 5.18$、$\bar{f}^{\,c}_{cu} = 41.0$ 代入式(5-33)～式(5-35)得到，$n'' = 221$、$S''_f = 4.30$、$(\bar{f}^{\,c}_{cu})'' = 41.27$，进而可以得到先验分布及后验分布中 $m$ 与 $\sigma$ 的期望和方差。

$E'(m) = 41.4$；$D'(m) = 0.0976$；$E'(\sigma) = 3.82$；$D'(\sigma) = 0.0555$

$E''(m) = 41.27$；$D''(m) = 0.0844$；$E''(\sigma) = 4.31$；$D''(\sigma) = 0.0459$

由于 $m$ 及 $\sigma$ 的后验估计值 $\hat{m}'' = E''(m)$、$\hat{\sigma}'' = E''(\sigma)$，因此由 $E''(m)$、$E''(\sigma)$ 替代 $\bar{f}^{\,c}_{cu}$、$s_f$ 代入式(5-26)得到

$$f_{cu,e} = E''(m) - 1.645E''(\sigma) = 34.18\ \text{MPa}$$

即柱子混凝土强度最后评定为34.18 MPa。

**（三）结果可靠性分析**

一般来讲，测区混凝土强度换算值的总体期望 $m$ 与均方差 $\sigma$ 是两个未知数，当用抽样统计量 $\bar{f}^{\,c}_{cu}$、$S_f$ 作为它们的估计量时，如果测区数目较少，那么估计量逼近真值的可能性就较小。当假设测区混凝土强度换算值 $f^{\,c}_{cu,i}$ 是来自正态分布时，期望 $m$ 在置信概率 $(1-\alpha)$ 时的置信区间长度 $d_n = 2t_{\alpha/2}(n-1)S_f/\sqrt{n}$。当 $n > 45$ 时，$t_{\alpha/2}(n-1)$ 就几乎无差别，如果假设 $S_f$ 随测区数目 $n$ 变化而改变的幅度不大，置信区间长度就随 $n$ 的增大而减小，因此近似有 $d_{71} = 1.35d_{129}$。可见，由于实际的超声回弹测区数目未达到要求，期望 $m$ 的置信区间长度扩大了35%，用 $\bar{f}^{\,c}_{cu}$ 估计的 $m$ 可靠性就下降较多。因此，为弥补这种不足，采用Bayes方法将回弹法与超声回弹法检测数据有机地综合在一起是一条有效途径。虽然经Bayes方法修正后，柱子的混凝土强度推定值为34.18 MPa，与超声回弹法的结果32.48 MPa相差不多，但是其可信度却明显提高。如先验等值样本回弹法测区数目为150，经过Bayes方法分析后，

后验的超声回弹法测区数目等值为 221，使后验的 $D''(m)$ 和 $D''(\sigma)$ 比先验的 $D'(m)$ 和 $D'(\sigma)$ 要小。如果能用 $S_f^2/n$ 估计 $D(\bar{f}_{cu}^{c}) = \sigma^2/n$ 时，则 $D(\bar{f}_{cu}^{c}) = 0.3779$ 也比后验的 $D''(m) = 0.0844$ 大许多。这些情况表明，Bayes 方法分析确实提高了期望 $m$ 与均方差 $\sigma$ 各自估计量的精度，提高了分析的可靠性。

## 参考文献

[1] 蒋元炯，韩素芳. 混凝土工程病害与修补加固[M]. 北京：海洋出版社，1996.
[2] 洪定海. 混凝土中钢筋的腐蚀与保护[M]. 北京：中国铁道出版社，1998.
[3] 冯乃谦，邢锋. 高性能混凝土技术[M]. 北京：原子能出版社，2000.
[4] 洪乃丰. 混凝土碱度与钢筋锈蚀[J]. 混凝土与水泥制品，1990，5：16 - 18.
[5] 赵国藩. 工程结构可靠性理论与应用[M]. 大连：大连理工大学出版社，1996.
[6] 丁威. 砼碳化的应用[J]. 建筑结构，1987，4：49 - 50.
[7] 袁群，李宗坤，曹雪玲. 混凝土顺筋裂缝开裂分析[J]. 工业建筑，2002，7：74 - 75.
[8] 牛荻涛，王庆霖，王林科. 锈蚀开裂后混凝土中钢筋锈蚀量的预测[J]. 工业建筑，1996，4.
[9] 惠云玲. 锈蚀钢筋力学性能变化初探[J]. 工业建筑，1992，10：33 - 36.
[10] 王林科，陶峰，王庆霖，等. 锈后钢筋混凝土粘结锚固的试验研究[J]. 工业建筑，1996，4：14 - 16.
[11] 袁迎曙，余索. 锈蚀钢筋混凝土梁的结构性能退化[J]. 建筑结构学报，1997，4.
[12] 惠云玲. 混凝土结构钢筋锈蚀耐久性损伤评估及寿命预测方法[J]. 工业建筑，1997，6.
[13] 曹双寅. 钢筋混凝土结构的等耐久性设计[J]. 工业建筑，1990，10：29 - 33.
[14] 回弹法检测混凝土抗压强度技术规程（JGJ/T 23—2001）[S]. 北京：中

国建筑工业出版社,2001.

[15] 季光泽,陈丽霞,等.碳化作用对回弹法测定混凝土强度的影响[J].混凝土及加筋混凝土,1983(1).

[16] 吴慧敏.结构混凝土现场检测新技术—混凝土非破损检测[M].长沙:湖南大学出版社,1998.

[17] 袁群.结构中混凝土强度检测评定的综合分析[J].建筑结构,2000,9:45-46.

[18] 回弹法检测混凝土抗压强度技术规程(JGJ/T23—92)[S].北京:中国华龄出版社,1994.

[19] 超声-回弹综合法检测混凝土强度技术规程(CECS02:88)[S].中国工程建设标准化委员会标准,北京,1988.

[20] 钻芯法检测混凝土强度技术规程(CECS03:88)[S].中国工程建设标准化委员会标准.北京,1988.

[21] 黄克中,毛善培.随机方法与模糊数学应用[M].上海:同济大学出版社,1987.

[22] James O. Berger.统计决策论及贝叶斯分析[M].贾乃光,译.北京:中国统计出版社,1998.

[23] 言茂松.贝叶斯风险决策工程[M].北京:清华大学出版社,1989.

[24] 龚洛书,柳春圃.混凝土的耐久性及其修补[M].北京:中国建筑工业出版社,1990.

# 第六章　碳化对结构性能的影响

## 第一节　碳化与混凝土均匀性的关系

使用中的钢筋混凝土结构,由于受到自然界的物理作用、化学作用、生物作用以及人为因素的作用,其生命历程必将步入老化使用期。此时,结构本身会发生如混凝土碳化、钢筋锈蚀、混凝土开裂及承载力下降等一系列变化,影响到结构的安全性、适用性与耐久性。因此,目前对老化期钢筋混凝土结构特性的研究正方兴未艾,取得的成果丰富了人们对老化结构的材料性能及力学性能的认识。但是,由于问题的复杂性,老化钢筋混凝土的性质还远未被认识清楚,深入的研究仍在继续。

一般情况下,混凝土的均匀性是衡量施工质量的一项重要内容。当混凝土均匀性较差时,混凝土碳化发展也会不平衡。虽然平均碳化深度还远未到达钢筋,但是由于局部混凝土的碳化比较严重,会导致钢筋局部锈蚀,造成结构安全性下降;对平均碳化深度达到钢筋表面的结构,也会因同样原因造成钢筋锈蚀程度的不均匀。因此,混凝土均匀性对混凝土碳化及钢筋锈蚀均有不同程度的影响,它应是结构耐久性分析中需要考虑的一项内容,也应是研究老化期结构材料性能的一项指标。这里运用分形理论对老化期钢筋混凝土的混凝土均匀性进行分析,揭示了它们具有的分形现象以及其与混凝土碳化程度的内在联系。

## 一、混凝土均匀性的分形性质分析

混凝土的主要成分是水泥、砂和石子，内部还有空隙，是不均匀体。工程中评定混凝土均匀性的方法可采用超声波测试与回弹测试。一般情况下，混凝土超声声速正相关于混凝土强度和密实度，具有高速高强及高速高密度的特点，这方面我国已有相应的评定技术规程。同样，混凝土的回弹值也可用于评估混凝土的均匀性，这种方法已出现在ISO国际标准草案与美国的检测标准中。

对于一个钢筋混凝土构件，如果将足够多的超声声速值与回弹值标在各自的测点处，其构成的立体图形就如同地貌一样，蜿蜒起伏，上表面是一个复杂的曲面（见图6-1、图6-2）。这个曲面在一定尺度上应具有分形特征，并且分维值越大，曲面越复杂，表示混凝土的均匀性越差。

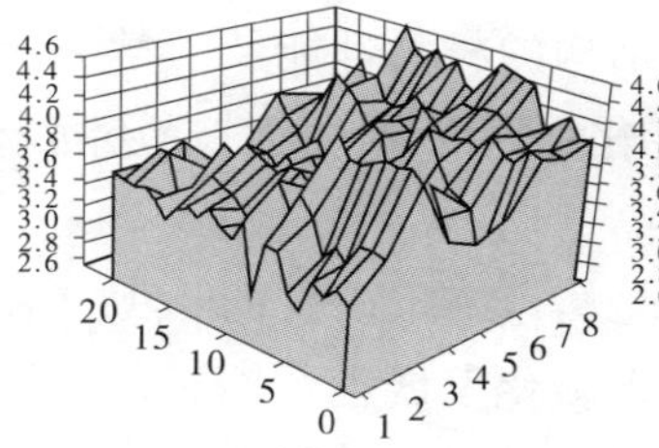


图6-1　混凝土超声声速值构成的立体示意图（纵坐标为声速值，km/s）

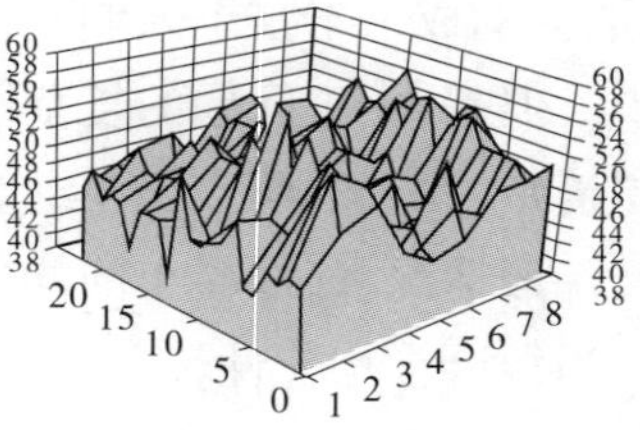


图6-2　混凝土回弹值构成的立体示意图（纵坐标为回弹值）

## 二、混凝土均匀性的分维计算方法

不同意义下的分维有很多，如相似维、豪斯道夫维、容量维及量规维等多种。相应求维数的方法也有许多，如改变粗视化程度求维数、根据测度关系求维数及利用分布函数求维数等多种途径。对于我们的研究对象，由于不可能对图6-1、图6-2的曲面镀粉，不可能平行于构件表面逐层磨去凸出部分,形成“岛”和“湖”,因此也就无法采用通常的“截岛法”计算其分维值。鉴于图6-1、图6-2与地貌的相似性,因此可以采用在地貌轮廓的分维计算中经常采用的频率法计算超声声速和回弹值立体图的分维值。

一个分形现象,当观测尺度由 $t$ 变换为 $\lambda t$ 后,其结构特征不变,只是原来的放大或缩小,这叫标度不变性。式(6-1)称为标度律,$a$ 为标度指数,一般 $0 < a < 1$。

$$f(\lambda t) = \lambda^a f(t) \tag{6-1}$$

因此,如果混凝土的超声声速与回弹值组成的立体图是分形现象,那么它的标度律应为式(6-2):

$$X(t) \propto t^a \tag{6-2}$$

式中　$X(t)$——超声声速或回弹的随机过程值;

$t \in T_0, T_0$——参数空间。

在频率域内,即使改变截止频率,观测尺度由 $\omega$ 变为 $\lambda\omega$ 时,也不会改变波谱的大致形状,此时随机过程 $X(t)$ 的功率谱 $S_x(\omega)$ 必有与圆频率 $\omega$ 成负幂率的分布:

$$S_x(\omega) \propto \omega^{-\beta} \propto t^\beta \tag{6-3}$$

式中　$\beta$——功率谱指数。

对式(6-3)两边取自然对数,然后求导得

$$\beta = -\frac{\mathrm{d}[\ln S_x(\omega)]}{\mathrm{d}(\ln\omega)} \approx -\frac{\Delta[\ln S_x(\omega)]}{\Delta(\ln\omega)} \tag{6-4}$$

进一步由量纲分析知道

$$X^2(t) \propto \omega S_x(\omega) \propto t^{\beta-1} \tag{6-5}$$

比较式(6-2)、式(6-5)得到

$$\beta = 2a + 1 \tag{6-6}$$

一般分维 $D$ 与拓扑维 $d$ 和标度指数 $a$ 有下列关系

$$D = d + 1 - a \tag{6-7}$$

则由式(6-6)、式(6-7)得

$$D = (3 + 2d - \beta)/2 \tag{6-8}$$

其中,超声声速与回弹值组成的立体图上表面的拓扑维 $d$ 取 2。

式(6-8)是功率谱指数 $\beta$ 与分维 $D$ 的关系式,是频率法计算分维值的桥梁。

理论上,构件中混凝土的超声声速与回弹检测值应有无数个,其组成立体图的上表面应是连续的,因此在一定尺度空间上它可以作为一个平稳过程 $X(t)$,$t \in T_0$(其中,参数空间 $T_0$ 为混凝土构件表面上超声或回弹测点在某个方向上连线的长度)。但是实际检测的超声声速与回弹值不可能是无间断的,必是一个离散的采集过程,其等间隔采集的数据构成平稳序列 $Xt$。平稳过程 $X(t)$ 的功率谱 $S_x(\omega)$ 与平稳序列 $Xt$ 的功率谱 $S_x(\omega,\Delta)$ 的关系为

$$S_x(\omega) = \lim_{\Delta \to 0} S_x(\omega,\Delta) \tag{6-9}$$

式中　$\omega$——圆频率;

　　$\Delta$——采样间隔。

当超声测点与回弹测点有限,即只能得到平稳序列 $Xt$ 的一个有限样本时,相应的离散样本谱 $S_x^*(k)$ 为

$$S_x^*(k) = T|X_k|^2 \tag{6-10}$$

式中　$T$——样本区间长度;

　　$X_k$——平稳序列 $Xt$ 的傅里叶变换。

当采样区间 $T \to \infty$ 时,若采样间隔 $\Delta$ 不变,则样本谱趋于按频率连续取值。平稳序列的连续样本功率谱 $S_x^*(\omega,\Delta)$ 与离散样本谱 $S_x^*(k)$ 的关系如下

$$S_x^*(\omega,\Delta) = \lim_{T \to \infty} S_x^*(k) \tag{6-11}$$

由平稳序列 $Xt$ 的功率谱的定义,得

$$S_x(\omega,\Delta) = E[S_x^*(\omega,\Delta)] \tag{6-12}$$

因此,结合式(6-9)~式(6-12),得到平稳过程 $X(t)$ 的功率谱 $S_x(\omega)$ 为

$$S_x(\omega) = \lim_{\Delta\to 0}\lim_{T\to\infty} E[S_x^*(k)] = \lim_{\Delta\to 0}\lim_{T\to\infty} E(T|X_k|^2) \tag{6-13}$$

由式(6-13)来看,只有当采样间隔趋近于零,采样长度趋近于无穷时,离散样本谱才趋近于平稳过程的功率谱。然而由式(6-4)可知,计算功率谱指数 $\beta$ 时,需要计算功率谱对数的差值,因此式(6-4)中并不需要一定用连续的功率谱 $S_x(\omega)$,而可以用离散样本谱 $S_x^*(k)$ 代替。

离散样本谱 $S_x^*(k)$ 的计算可采用经典谱估计方法和现代谱估计方法。经典谱估计又可分成直接法和间接法。现代谱估计方法有自回归滑动平均谱估计、最大熵谱估计、最大似然谱估计等。这里,本文选用直接法即周期图法计算样本谱。在式(6-10)中,平稳序列 $Xt$ 的傅里叶变换 $X_k$ 为

$$X_k = \frac{1}{N}\sum_{t=0}^{N-1} X_t e^{-j2\pi kt/N} \tag{6-14}$$

式中　$k=0,1,2,\cdots,N-1$;

$N$——样本数。

或表达为

$$X_k = R_k + jI_k \tag{6-15}$$

式中　$R_k = \frac{1}{N}\sum_{t=0}^{N-1} X_t \cos(\omega_k t)$;

$I_k = \frac{1}{N}\sum_{t=0}^{N-1} X_t \sin(\omega_k t)$;

$\omega_k = 2\pi k/N$(单位:rad/单位采样间隔)

$Xt$ 的周期图定义为

$$D_x(\omega_k) = \begin{cases} NA_0^2 & k = 0 \\ \frac{N}{2}(A_k^2 + B_k^2) & k = 1,2,\cdots,\frac{N-1}{2} \\ NA_{N/2}^2 & k = \frac{N}{2}(\text{当 } N \text{ 为偶数时}) \end{cases} \tag{6-16}$$

式中

$$A_k=\begin{cases}\dfrac{1}{N}\sum\limits_{t=0}^{N-1}X_t\cos(\omega_k t) & k=0 \text{ 和 } k=\dfrac{N}{2}(\text{当 } N \text{ 为偶数时})\\ \dfrac{2}{N}\sum\limits_{t=0}^{N-1}X_t\cos(\omega_k t) & k=1,2,\cdots,\dfrac{N-1}{2}\end{cases}$$

$$B_k=\frac{2}{N}\sum_{t=0}^{N-1}X_t\sin(\omega_k t) \qquad k=1,2,\cdots,\frac{N-1}{2}$$

比较式(6-15)、式(6-16)得

$$A_k=\begin{cases}R_0 & k=0\\ 2R_k & k=1,2,\cdots,\dfrac{N-1}{2}\\ R_{N/2} & k=\dfrac{N}{2}(\text{当 } N \text{ 为偶数时})\end{cases}$$

$$B_k=2I_k \qquad k=1,2,\cdots,\frac{N-1}{2}$$

因此,样本谱 $S_x^*(k)$ 可由 $Xt$ 的周期图求出:

$$\left.\begin{aligned}S_x^*(0)&=D_x(0)\cdot\Delta\\ S_x^*(k)&=D_x(\omega_k)\cdot\Delta/2 \quad \left(k=1,2,\cdots,\frac{N-1}{2}\right)\\ S_x^*(k)&=D_x(\omega_k)\cdot\Delta \quad \left(k=\frac{N}{2},N\text{ 为偶数}\right)\end{aligned}\right\} \tag{6-17}$$

理论上已经证明,由观测数据计算的样本自协方差函数作为一个过程的自协方差函数的估计,并不是对其理论自协方差函数好的估计。又因为样本谱 $S_x^*(k)$ 实际上就是自协方差函数估计值 $C_\tau^*$ 的傅里叶变换:

$$C_\tau^*\leftrightarrow S_x^*(k)/T \tag{6-18}$$

式中 $C_\tau^*=\dfrac{1}{N}\sum\limits_{t=0}^{N-1}X_tX_{t+\tau}$;

$S_x^*(k)=T|X_k|^2$;

$X_k$—— 样本序列 $Xt$ 的傅里叶变换,见式(6-14);

$T$—— 采样区间长度。

因此,样本谱也不是所研究过程的功率谱理论值好的估计。样本谱作为谱估计时的方差过大问题,并不能靠增加样本数量得到解决。但是,可以采用分段平滑谱估计的方法减少方差,即可将整个观测数据序列分成若干个子序列,求出每个子序列的样本谱,然后对这些样本谱进行算术平均:

$$\overline{S}_x^*(k) = \frac{1}{L_n}\sum_{i=1}^{L_n} S_x^{*(i)}(k) \tag{6-19}$$

式中　$\overline{S}_x^*(k)$——子序列样本谱的平均值;

$S_x^{*(i)}(k)$——子序列样本谱;

$L_n$——子序列的个数。

因此,由式(6-4)、式(6-13)、式(6-17)、式(6-19)得

$$\beta \approx -\frac{\Delta[\ln\overline{S}_x^*(k)]}{\Delta[\ln\omega_k]} = -\frac{\Delta[\ln\overline{D}_x(\omega_k)]}{\Delta(\ln\omega_k)} \tag{6-20}$$

式中　$\overline{D}_x(\omega_k) = \frac{1}{L_n}\sum_{i=1}^{L_n} D_x(\omega_k)$;

$D_x(\omega_k)$ 的意义同上;

$\omega_k = 2\pi k/N$　(单位:rad/ 单位采样间隔)。

由于序列长度的变化对样本谱估计的方差影响不显著,因此子序列样本谱估计的方差 $\sigma_s^2$ 也可以作为总序列样本谱的方差。此时,分段平滑谱估计的方差 $\overline{\sigma_L^2}$ 和子序列样本谱估计的方差 $\sigma_s^2$,也即和总序列样本谱估计的方差的关系为

$$\overline{\sigma_L^2} = \sigma_s^2/L_n \tag{6-21}$$

式中　$L_n$——子序列的个数。

这样处理的另一个变化是,分段平滑谱的分辨带宽增加了 $L_n$ 倍,也即降低了谱估计的分辨率。但是由前面的分析知道,对本书

的研究对象来讲，样本谱的连续性并不是很重要。因此，经过分段平滑谱估计处理后，不但减小了样本谱作为谱估计时的方差，而且能满足计算功率谱指数 $\beta$ 的要求。

## 三、混凝土均匀性实例分维计算及分析

黄河下游某分洪闸建于 1974 年，设计使用期为 30 a。该闸共有 7 孔，每孔闸宽 20 m，设计过闸流量 2 000 $m^3/s$，属开敞式结构的大型分洪闸。分洪闸工作桥大梁为钢筋混凝土结构，共有 14 根。每根大梁长 21.95 m，宽 300 mm，高 2 m，混凝土设计强度等级为 C25，箍筋混凝土保护层厚 20 mm。大梁预制施工是在 1972 年 12 月，施工时掺入了氯化钙作为防冻剂。该闸投入使用不足 20 a 时，大梁混凝土碳化及钢筋锈蚀就已比较严重，梁表面混凝土裂缝密布，且在严重的顺筋裂缝处，还有混凝土大片脱落，大梁老化现象严重。

1994 年对部分大梁进行了全面的质量检测。其中回弹及超声测区在每个梁上布置了 66 个，并沿梁高方向分为 3 行，沿梁长方向分为 22 列。因此，回弹及超声声速数据子序列的个数 $L_n$ 取 3，每个子序列中有 22 个数据。将回弹与超声声速零均值化后，由式(6-17)、式(6-19)算出子序列样本谱的平均值。计算结果显示，样本谱与圆频率有负幂率关系，表明混凝土回弹及超声声速立体图具有分形现象。图 6-3、图 6-4 是 2 孔上游梁混凝土回弹与超声声速子序列样本谱平均值与圆频率的计算结果。

应用式(6-20)及式(6-8)算出功率谱指数 $\beta$ 及分维值 $D$，结果见表 6-1。图 6-5、图 6-6 是 2 孔上游梁混凝土回弹与超声声速立体图功率谱指数 $\beta$ 的计算图示。

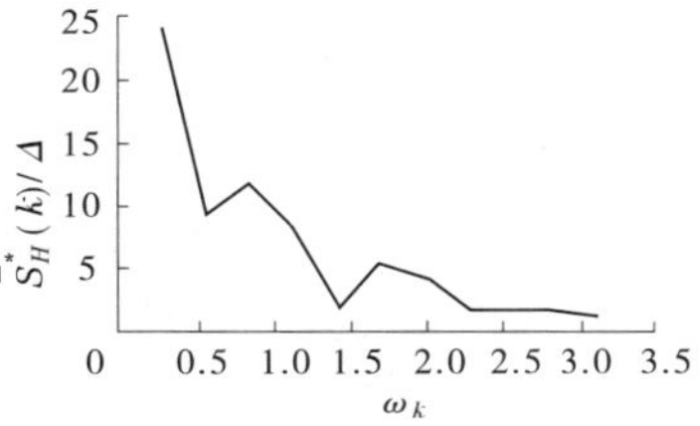


图 6-3　2 孔上游梁混凝土回弹子序列样本谱平均值 $S_H^*(k)/\Delta$ 与圆频率 $\omega_k$ 的关系图

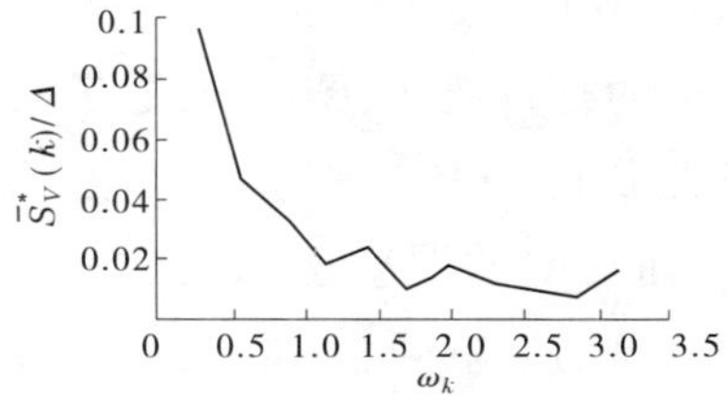


图 6-4　2 孔上游梁混凝土超声声速子序列样本谱平均值 $S_V^*(k)/\Delta$ 与圆频率 $\omega_k$ 的关系图

表 6-1　分维值计算结果及其他检测结果汇总

| 梁　号 | $\beta_H$ | $D_H$ | $\beta_V$ | $D_V$ | $\bar{L}_{碳化}$ (mm) | $L_{碳化}^{(max)}$ (mm) | $f_C$ (MPa) |
|---|---|---|---|---|---|---|---|
| 1 孔上游梁 | 0.530 | 3.235 | 0.809 | 3.096 | 25.9 | 33.7 | 16.8 |
| 1 孔下游梁 | 0.639 | 3.181 | 0.481 | 3.260 | 31.0 | 39.6 | 14.7 |
| 2 孔上游梁 | 1.240 | 2.880 | 1.078 | 2.960 | 14.8 | 25.3 | 30.6 |
| 3 孔下游梁 | 0.782 | 3.109 | 0.512 | 3.244 | 18.2 | 24.0 | 25.2 |
| 4 孔下游梁 | 1.046 | 2.977 | 1.223 | 2.889 | 18.2 | 32.3 | 24.8 |

注：$\beta_H$ 为混凝土回弹功率谱指数；$D_H$ 为混凝土回弹分维数；$\beta_V$ 为混凝土超声声速功率谱指数；$D_V$ 为混凝土超声声速分维数；$\bar{L}_{碳化}$ 为混凝土平均碳化深度；$L_{碳化}^{max}$ 为混凝土最大碳化深度；$f_C$ 为大梁混凝土强度检测推定值。

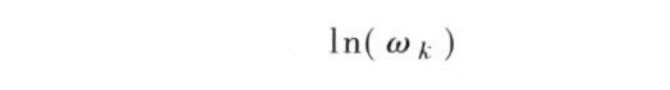


图 6-5　2 孔上游梁混凝土回弹子序列样本谱平均值 $\ln[S_H^*(k)/\Delta]$ 与圆频率 $\ln(\omega_k)$ 的关系图

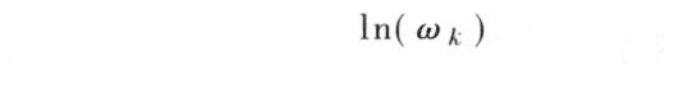


图 6-6　2 孔上游梁混凝土超声声速子序列样本谱平均值 $\ln[S_V^*(k)/\Delta]$ 与圆频率 $\ln(\omega_k)$ 的关系图

混凝土碳化速度的快慢与混凝土的材料组成、施工方式、养护条件及使用环境等多种因素有关,而其中的混凝土强度就是一项重要的影响因素。混凝土强度高,混凝土内的孔隙少,则大气中有害的酸性气体就难以侵入,混凝土就不容易碳化,与强度低的混凝土相比,相同时间内混凝土碳化深度就较小。分洪闸工作桥大梁的检测也证实了这一点,见图6-7。另外,由于工作桥大梁暴露于室外,经常雨淋日晒,大梁表面干湿变化频繁,再加上分洪闸紧邻黄河,大气环境湿度较大,因此混凝土碳化发展较快,使用22a时,大梁混凝土碳化平均深度已超过或接近箍筋保护层厚度,并且检测到的最大碳化深度都已超过箍筋保护层厚度,见表6-1。

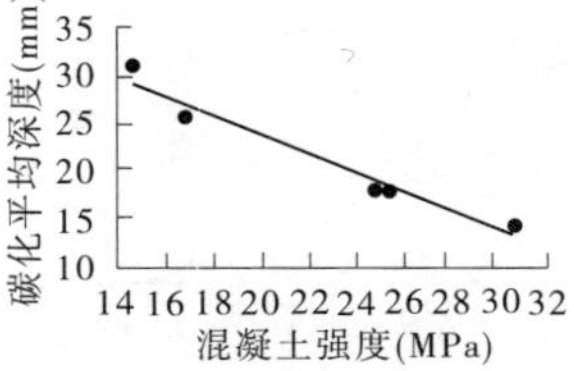

**图6-7 大梁混凝土强度与碳化平均深度的关系**

在普通混凝土内部,仅就每种材料而言,粗、细骨料的强度及密实度最大,在混凝土内部起支承作用,可以减小混凝土的凝固收缩,是影响混凝土强度的一个重要因素。与粗、细骨料相比,水泥石的强度和密实度一般情况下较低。因此,混凝土的整体强度也就取决于水泥石的强度和水泥石与骨料的黏结强度。当水泥石强度较大,孔隙较少,密实度较高时,也即其强度和密实度越接近骨料的强度和密实度时,水泥石的黏结强度也越大,此时混凝土不仅整体强度大,而且混凝土强度和密实度也比较均匀。在水泥石内部,只有水和水泥拌和均匀,水泥水化充分时,水泥石的强度才会均匀且达到预定强度。如果水和水泥拌和不均匀,局部水化不充分,水泥石内部存在低强区,则混凝土的强度也必然受到不利影响。因此,同一配合比的混凝土,水泥石的不均匀性,也是影响混凝土强度的一个因素。综上所述,由于水泥石和骨料之间的不均匀及水泥石内部的不均匀而形成的混凝土不均匀,在某种意义上也是影响混凝土强度的一个因素。因此,在混凝土其他条件一样的情况下,用超声波及回弹法检测混凝土的均匀性,如果混凝土不均匀程度较大,相应混凝土回弹值及超声声速立体图的分维值较大时,混凝土的整体强度或者说构件的混凝土强度应较低,图 6-8、图 6-9 的结果说明了这一点。

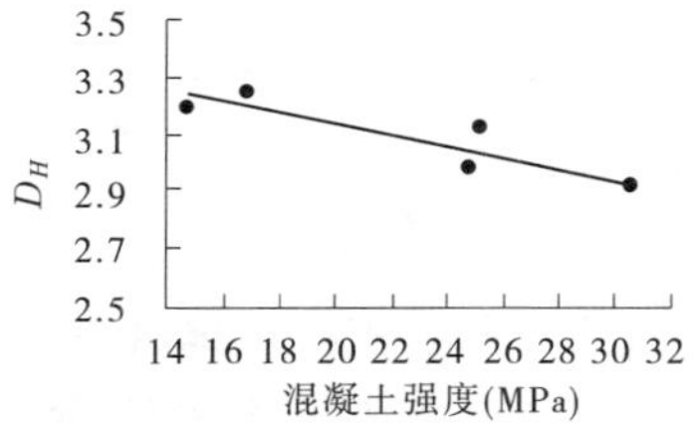


**图 6-8　大梁混凝土强度与回弹分维数 $D_H$ 的关系**

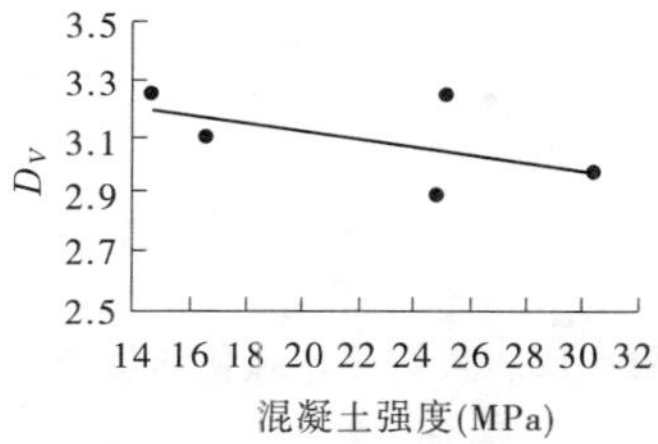


**图 6-9　大梁混凝土强度与超声声速分维数 $D_V$ 的关系**

混凝土不均匀程度大时,水泥石局部的不密实、高孔隙率及低强状况必然会加剧,这些部位也就成为大气中有害酸性气体容易入侵的地方,是混凝土碳化的重度区。图 6-10、图 6-11 表明,当回弹及超声声速分维数增加时,每个大梁检测到的最大碳化深度也有增大的趋势。由前边的分析知道,混凝土不均匀程度与混凝土强度有负相关关系,而混凝土强度与碳化深度也有负相关关系,因此混凝土不均匀程度与碳化深度应有正相关关系。图 6-12、图 6-13显示了回弹及超声声速分维数与碳化平均深度的这种正相关关系。

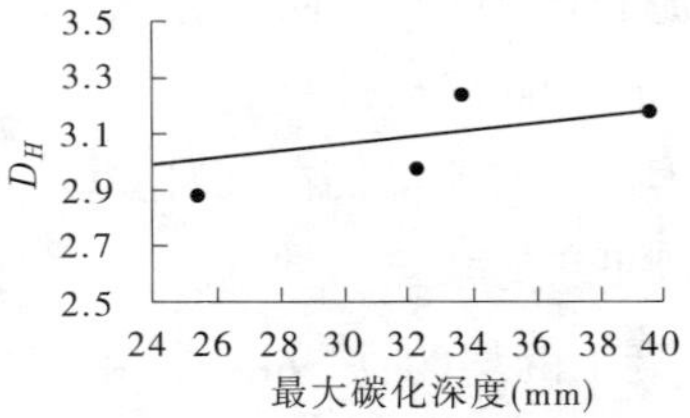


图 6-10　大梁最大碳化深度与回弹分维数 $D_H$ 的关系

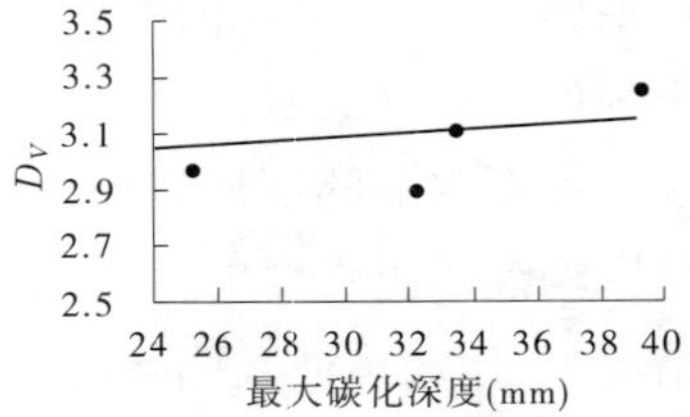


图 6-11　大梁最大碳化深度与超声声速分维数 $D_V$ 的关系

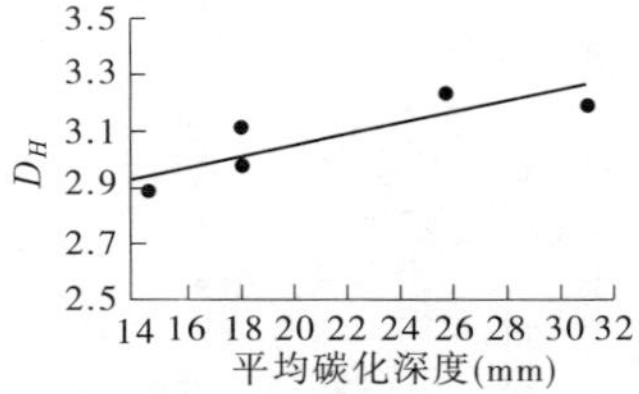


图 6-12　大梁平均碳化深度与回弹分维数 $D_H$ 的关系

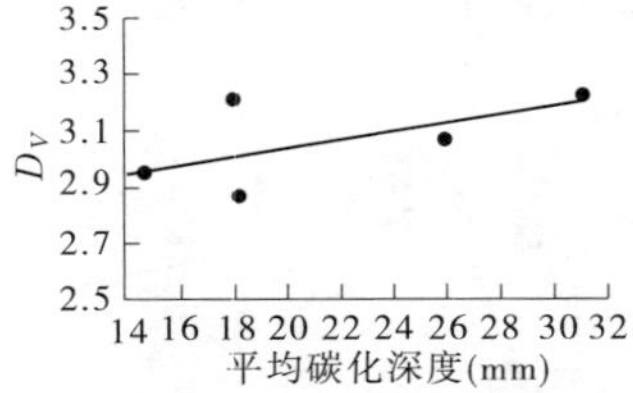


图 6-13　大梁平均碳化深度与超声声速分维数 $D_V$ 的关系

## 第二节　碳化与混凝土裂缝的关系

从某种意义上来说，裂缝与混凝土是一种共生共存的关系。在混凝土浇筑后的硬化过程中，由于骨料、水泥石的收缩性质及热膨胀性质的差异，它们之间变形的不协调性，会产生不利的内应力，引起水泥石的微观裂缝。不过微观裂缝宽度一般小于 0.05 mm，肉眼难以看到。当结构投入使用后，在各种荷载作用下，混凝土微观裂缝就会扩展为宏观裂缝。试验表明，受压混凝土荷载在 30% 极限强度以下时，微观裂缝几乎不变动；到 30% ~70% 极限强度时，微观裂缝开始扩展并增加；到 70% ~90% 极限强度时，微观裂缝显著扩展并迅速增多，且微观裂缝之间相互串联起来，直至完全破坏。因此,微观裂缝的扩展程度就是材料破坏程度的标志。

从广义上讲,结构受到的荷载分为两大类:第一类荷载包括各种静荷载、动荷载;第二类荷载由温度变化、收缩和膨胀及不均匀沉陷引起,也称变形荷载。由第一类荷载引起的裂缝称为"荷载裂缝",由第二类荷载引起的裂缝称为"变形裂缝"。这两类裂缝在结构的各个生命期出现及发展的程度是有差别的。在结构进入老化使用期时,即使受到的第一类荷载大小不变,也会由于混凝土碳化、钢筋锈蚀等引起的结构抗力降低,使"荷载裂缝"进一步发展。对变形荷载作用下的结构,一般情况下从环境的变化、变形的产生到内应力的形成及"变形裂缝"的出现与扩展,不是一瞬间完成的,而是有一个时间过程。如混凝土碳化产生的收缩,会引起混凝土表面出现网状发丝裂缝,这些裂缝随着时间的增加、碳化程度的加深而逐渐密集;再如钢筋锈蚀裂缝也是随着时间的延长,结构老化程度的加深而逐渐增多。因此,从某种意义上说,裂缝的发育程度是结构生命期的一种度量,亦或是结构老化程度的一种度量。

## 一、混凝土裂缝分形维数的计算方法

对裂缝的评价分析需要考虑的因素相当多。其中裂缝的成因,裂缝的数量,裂缝的长度、宽度、深度,裂缝的部位、方向,裂缝的发展状况等方面是不容忽视的。在这众多的因素中,由于我们研究内容的侧重点不同,在某些因素比较清楚的情况下,突出一些特征因素就非常必要。因此,对钢筋混凝土结构进行老化分析时,混凝土表面的裂缝数量在某些时候就是衡量结构老化程度的一个重要特征。通常用单位长度或单位面积或单位体积的裂缝条数来表示裂缝的数量或密集程度,叫做"裂缝密度"或"裂缝率"。但是,在实际的结构中,由于裂缝产生的原因较多,各种性质的裂缝互相混杂、交织,有时不仅难以确定每条裂缝的属性,即使查清裂缝的条数也相当困难,因此采用"裂缝密度"的分析方法有一定的局限性。为此,可以引入分形理论,用改变粗视化程度的方法求裂缝分布的分维数,用分维数的大小反映裂缝发育的密集与复杂程度,也即反映结构的老化程度。改变粗视化程度的方法要求用间隔为 $r$ 的格子将构件表面分成网格状,然后统计出格子内有裂缝的格子数目 $N(r)$。接着,改变 $r$ 的大小,重复上述过程。如果对不同的 $r$ 式(6-22) 成立:

$$N(r) \propto r^{-D_f} \tag{6-22}$$

则

$$D_f = -\frac{\mathrm{d}[\ln N(r)]}{\mathrm{d}(\ln r)} \tag{6-23}$$

这就是裂缝分布的分维数。

## 二、混凝土裂缝实例分维计算及分析

裂缝分维计算实例选用上节的资料。图 6-14 ~ 图 6-18 为 5 根梁的一侧梁表面的裂缝描绘图。

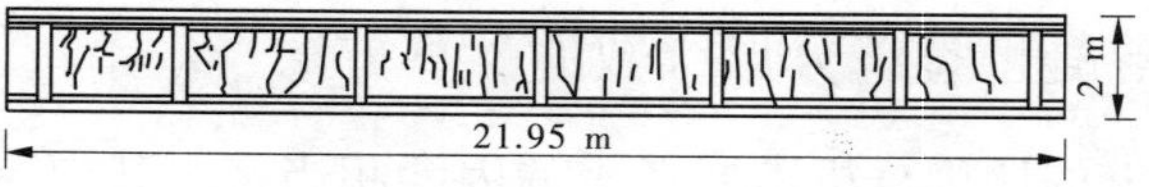


图 6-14　1 孔上游梁一侧梁表面的裂缝描绘图

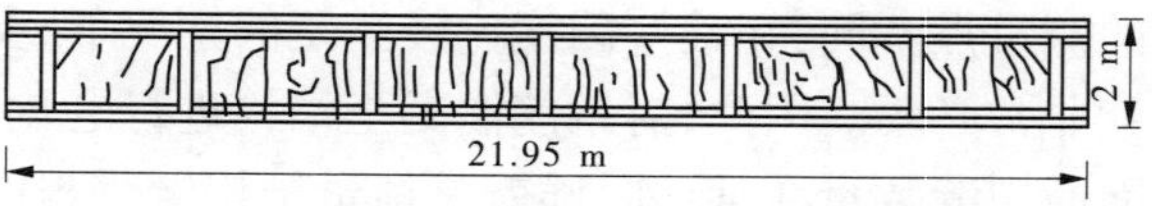


图 6-15　1 孔下游梁一侧梁表面的裂缝描绘图

在计算有裂缝的格子数目 $N(r)$时,梁表面的裂缝描绘图比例为 1∶76,网格间隔 $r$(也称标度 $r$)取 1 mm、2 mm、2.5 mm、3 mm、3.5 mm、4 mm、5 mm、6 mm、7 mm、8 mm、9 mm、10 mm、12 mm 及 15 mm 共 14 种尺寸。对标度 $r$,定义计数函数 $N_i(r)$:

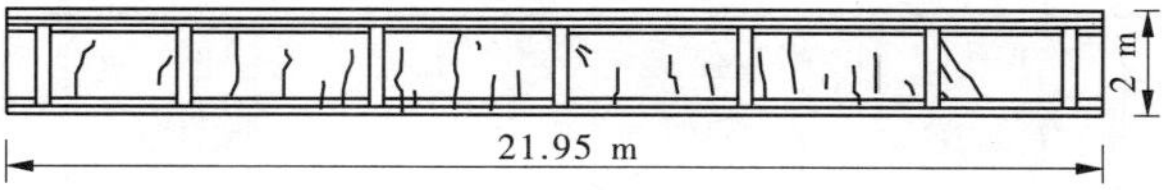


图 6-16　2 孔上游梁一侧梁表面的裂缝描绘图

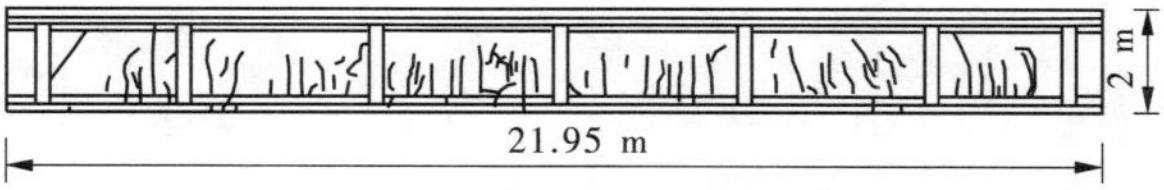


图 6-17　3 孔下游梁一侧梁表面的裂缝描绘图

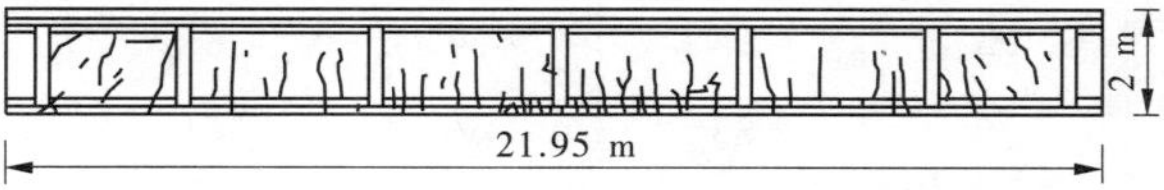


图 6-18　4 孔下游梁一侧梁表面的裂缝描绘图

$$N_i(r) = \begin{cases} 1 & \text{第 } i \text{ 个网格内有裂缝} \\ 0 & \text{第 } i \text{ 个网格内无裂缝} \end{cases} \tag{6-24}$$

对每一标度 $r$，有裂缝的格子总数

$$N(r) = \sum_i N_i(r) \tag{6-25}$$

对不同的标度 $r$，$N(r)$ 的统计结果见表 6-2。

表 6-2　不同标度 $r$ 下有裂缝的格子总数 $N(r)$ 的统计结果

| $r$ (mm) | 1 孔 上游梁 $N(r)$ | 1 孔 下游梁 $N(r)$ | 2 孔 上游梁 $N(r)$ | 3 孔 下游梁 $N(r)$ | 4 孔 下游梁 $N(r)$ |
|---|---|---|---|---|---|
| 1 | 793 | 919 | 317 | 814 | 646 |
| 2 | 438 | 445 | 166 | 387 | 329 |
| 2.5 | 323 | 367 | 140 | 321 | 271 |
| 3 | 280 | 295 | 115 | 264 | 228 |

续表 6-2

| r (mm) | 1 孔 上游梁 N(r) | 1 孔 下游梁 N(r) | 2 孔 上游梁 N(r) | 3 孔 下游梁 N(r) | 4 孔 下游梁 N(r) |
|---|---|---|---|---|---|
| 3.5 | 238 | 257 | 106 | 227 | 191 |
| 4 | 195 | 206 | 94 | 196 | 170 |
| 5 | 139 | 167 | 77 | 160 | 145 |
| 6 | 119 | 121 | 68 | 113 | 111 |
| 7 | 104 | 111 | 57 | 97 | 93 |
| 8 | 93 | 94 | 54 | 81 | 83 |
| 9 | 75 | 83 | 46 | 61 | 66 |
| 10 | 69 | 71 | 46 | 61 | 66 |
| 12 | 48 | 58 | 42 | 54 | 55 |
| 15 | 36 | 36 | 32 | 35 | 37 |

用表 6-2 中的数据作 ln $r$—ln $N(r)$ 关系图，见图 6-19 ~ 图 6-23。

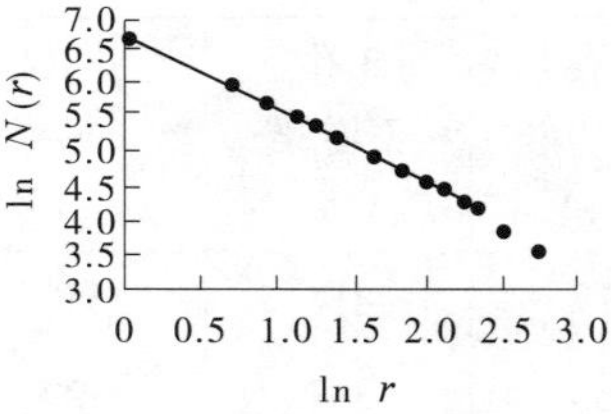


图 6-19　1 孔上游梁 ln $r$—ln $N(r)$ 关系图

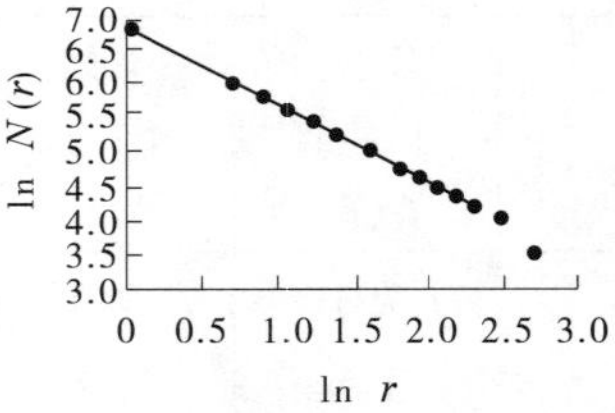


图 6-20　1 孔下游梁 ln $r$—ln $N(r)$ 关系图

分形现象的一个重要特征就是自相似性。自相似性在数学

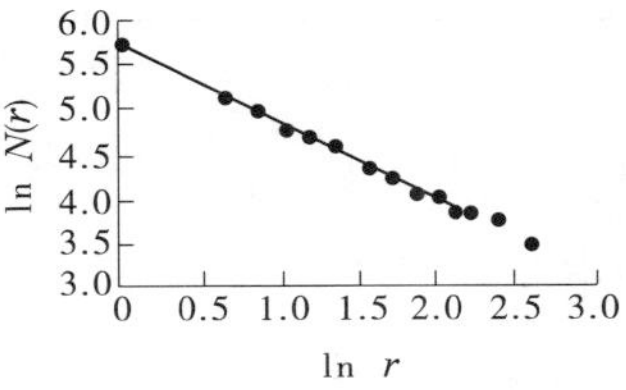


图 6-21　2 孔上游梁 ln $r$—ln $N(r)$ 关系图

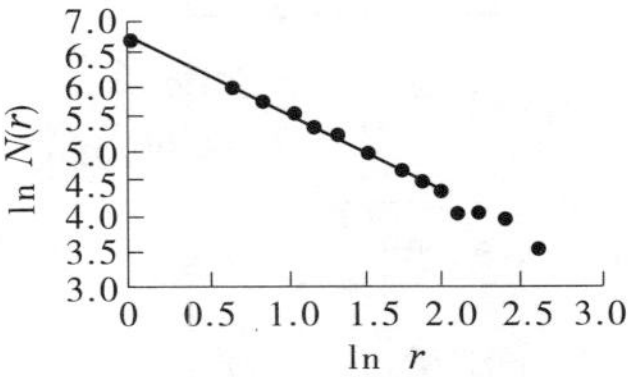


图 6-22　3 孔下游梁 ln $r$—ln $N(r)$ 关系图

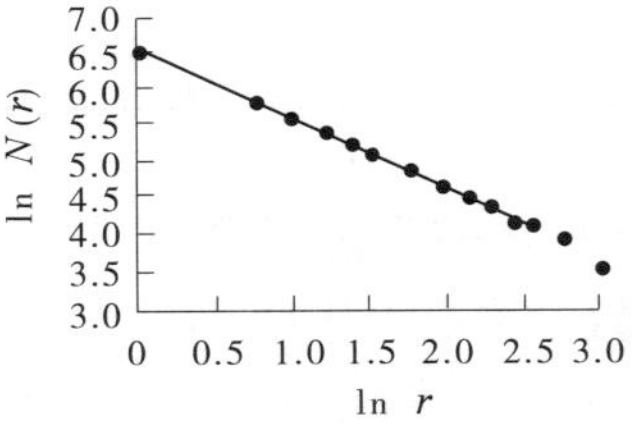


图 6-23　4 孔下游梁 ln $r$—ln $N(r)$ 关系图

上是指,一个图形中不论多小的部分,放大适当的倍数后,得到的图形和原来的图形相同。然而,在自然界中,这种自相似性不是严格的,而是统计意义上的,是指局部与整体有相同的统计分布,也即统计自相似。另外,自相似性与无标度性也是一致的,无标度性是指图形的某些性质不随尺度的缩小而改变。因此,无标度区间就是指自相似性存在的范围,也就是在这区间内或范围内的图形有分形现象。由图 6-19 ~ 图 6-23 可以看出,混凝土裂缝分布的无标度区间较大,最大的达 0.038 ~0.38 倍梁高。在无标度区内,裂缝分布的统计自相似性比较明显,ln $r$ 与 ln $N(r)$ 呈非常良好的线性关系,因此由式(6-23)可以算出无标度区内裂缝分布的分维数 $D_f$,分维数 $D_f$ 的数值在[0.856,1.124],结果见表 6-3。

表 6-3　无标度区内的裂缝分布分维数 $D_f$

| 梁　号 | 无标度名义区间(mm) | 无标度实际区间(76r/梁高 h) | 裂缝分布分维数 $D_f$ |
|---|---|---|---|
| 1 孔上游梁 | $r\in[1,10]$ | [0.038～0.38] | 1.095 |
| 1 孔下游梁 | $r\in[1,10]$ | [0.038～0.38] | 1.124 |
| 2 孔上游梁 | $r\in[1,9]$ | [0.038～0.342] | 0.856 |
| 3 孔下游梁 | $r\in[1,8]$ | [0.038～0.304] | 1.102 |
| 4 孔下游梁 | $r\in[1,9]$ | [0.038～0.342] | 1.012 |

由表 6-1、表 6-3 中的数据可以得到图 6-24～图 6-27。从图中可以看到，一方面，当大梁混凝土强度增大时，裂缝分布分维数就有变小的趋势，表明大梁在老化期有较大的抗力时，相应的裂缝发育程度就较轻。另一方面，大梁的碳化深度与裂缝分布分维数有正相关关系，这说明了大梁老化程度在这两个方面表现的一致性。最后，裂缝分布分维数与混凝土回弹分维数和超声声速分维数也有正相关关系，这也进一步表明，混凝土的均匀性的确是影响结构老化进程及程度的一个因素，应作为评定结构耐久性的一个指标。

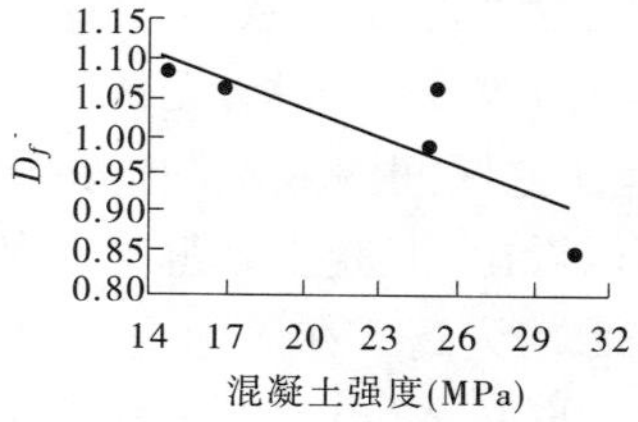


图 6-24　大梁混凝土强度与裂缝分布分维数 $D_f$ 的关系

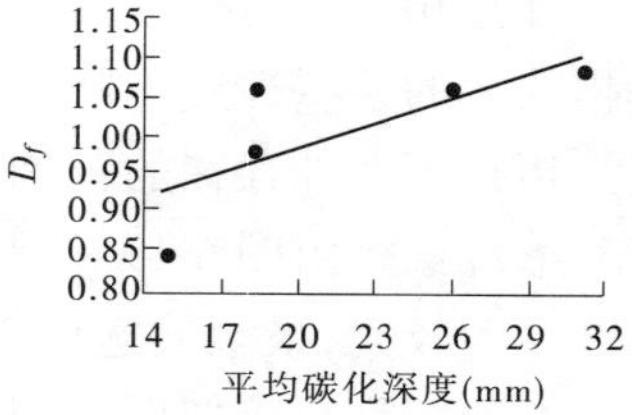


图 6-25　大梁混凝土平均碳化深度与裂缝分布分维数 $D_f$ 的关系

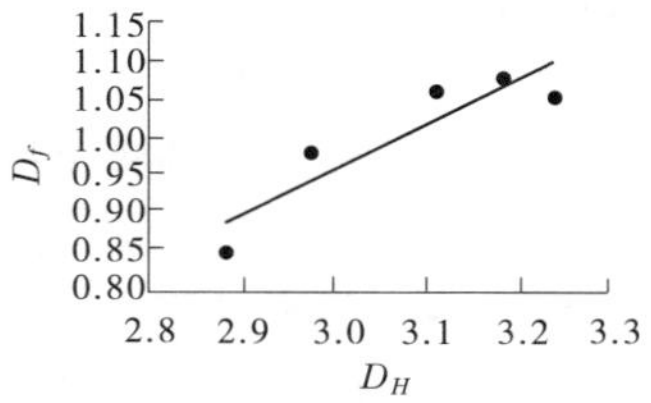


图6-26　大梁混凝土回弹分维数 $D_H$ 与裂缝分布分维数 $D_f$ 的关系

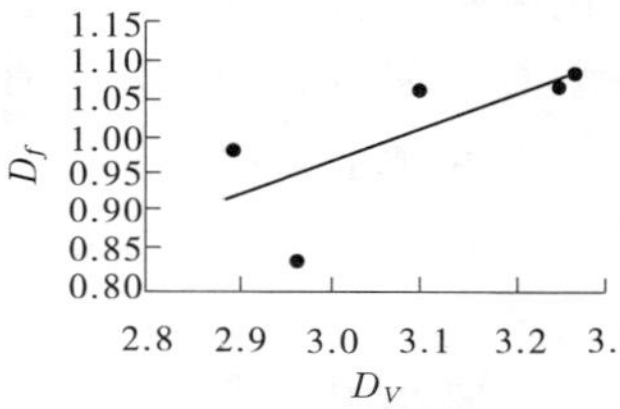


图6-27　大梁混凝土超声声速分维数 $D_V$ 与裂缝分布分维数 $D_f$ 的关系

# 第三节　碳化对保护层厚度取值的影响

混凝土保护层的主要功能是隔绝氧气和水分，避免钢筋的锈蚀。目前一般将混凝土保护层的完全碳化作为钢筋混凝土结构的耐久极限。碳化引发的钢筋锈蚀会胀裂混凝土保护层，破坏钢筋与混凝土的黏结力，造成钢筋混凝土结构的刚度与强度降低，轻者引起结构的变形过大而无法继续使用，重者会造成工程的失事。因此，混凝土保护层厚度是影响钢筋混凝土结构耐久性的一项重要指标。在目前的水工结构设计规范中，混凝土保护层的最小厚度取值都有一定的限制，然而由于混凝土的碳化速度受施工质量、环境条件与设计等多方面因素的影响，在混凝土保护层厚度设计时如仅强调结构的性质与使用环境是不全面的。通过对某一分洪闸工作桥大梁混凝土抗碳化的耐久度分析后认为，混凝土保护层厚度设计取值时，还应充分重视施工水平等因素的影响。

## 一、碳化的荷载与抗力因素分析

混凝土的碳化既是一种物理作用过程，也是一种化学作用过程，合适的温度和湿度是影响混凝土碳化速度的重要因素。一般认为温度升高以及外部环境的相对湿度为50% ~60%时，混凝土的碳化速度较快。因此,引起混凝土碳化的荷载因素就是来自外部环境酸性物质的侵蚀以及外部相应的温度和相对湿度。

作为混凝土保护层,抵抗碳化的因素是来自混凝土本身的材料特性与质量状况。其中混凝土的密实度、保护层厚度、水灰比、水泥品种、混凝土的强度、骨料的粒径和数量等对混凝土的碳化速度起着重要作用。换一个角度考虑,如果上述因素处理得当,就会成为抑制混凝土碳化速度的有力措施,也就是混凝土本身防止碳化的抗力因素。

前边已经介绍,碳化深度一般符合式(6-26):

$$L = w\sqrt{t} \tag{6-26}$$

式中　$L$——混凝土碳化深度,mm;

$t$——构件的建成年限,a;

$w$——混凝土碳化速度系数,mm/a。

$w$ 值是与混凝土的密实度、混凝土保护层厚度、水灰比、环境中有害的酸性物质的性质与含量,以及温度和湿度等因素有关的系数,也就是将混凝土碳化的荷载因素与混凝土防止碳化的部分抗力因素综合为一个影响系数。从另一种意义上看,就是将式(6-26)作为广义的混凝土抗碳化的荷载效应方程。

在混凝土保护层未开裂的情况下,混凝土保护层厚度的完全碳化是钢筋产生锈蚀的前提条件,因此在混凝土防止碳化的抗力因素分析中,可以将混凝土防止碳化的其他抗力因素归结在混凝土碳化速度系数内,而仅将混凝土保护层的厚度单独作为统计分析对象。这样处理,可以对混凝土保护层抗碳化的荷载效应与抗力因素进行明确的定量表达,便于进一步的耐久度分析。

由于混凝土碳化受多方面的因素影响,采用式(6-26)计算出的混凝土碳化深度值与混凝土实际的碳化深度值之间存在一定的差别,并且其差别也不是恒定不变的,是随着混凝土所处的环境条件及其自身的特性与质量而改变的,是一种不定性,因此式(6-26)

必须按式(6-27)进行标准化变换：

$$\frac{L_z}{L_k}=\frac{L_z}{L_p}\frac{L_p}{L_c}\frac{L_c}{L_k}=zp\varphi \tag{6-27}$$

其中，$z=\dfrac{L_z}{L_p}$表示混凝土碳化深度的真实值 $L_z$（随机变量）与模型试验中混凝土碳化深度值 $L_p$（随机变量）之间的不定性；$p=\dfrac{L_p}{L_c}$表示模型试验中混凝土碳化深度值 $L_p$（随机变量）与混凝土碳化速度系数实测值代入式(6-26)计算得到的混凝土碳化深度 $L_c=w_c\sqrt{t}$（随机变量的函数）之间关系的不定性，称为计算模型的不定性；$\varphi=\dfrac{L_c}{L_k}=\dfrac{w_c}{w_k}$表示混凝土碳化速度系数实测值 $w_c$（随机变量）与混凝土碳化速度系数的标准值 $w_k$（非随机变量）之间关系的不定性。

假定 $z$、$p$、$\varphi$ 之间相互独立，推导得到 $L_z$ 的均值 $m_{Lz}$、离散系数 $v_{Lz}$及均方差 $\sigma_{Lz}$。

$$m_{Lz}=m_z m_p m_{w_c}\sqrt{t} \tag{6-28}$$

$$v_{Lz}=\sqrt{v_z^2+v_p^2+v_{w_c}^2} \tag{6-29}$$

$$\sigma_{Lz}=m_{Lz}v_{Lz} \tag{6-30}$$

混凝土抗碳化的抗力因素是多方面的，许多因素已归并在混凝土碳化速度系数内，这里仅将混凝土保护层厚度作为抗力因素加以分析。同理，混凝土保护层厚度的真实值也是随着施工质量而波动的，也是一种不定性，因此也必须按式(6-31)进行标准化变换：

$$\frac{c_z}{c_p}=\frac{c_z}{c_c}\frac{c_c}{c_p}=cp \tag{6-31}$$

其中，$c=c_z/c_c$ 表示混凝土保护层厚度的真实值 $c_z$（随机变量）与混凝土保护层厚度的测量值 $c_c$（随机变量）之间关系的不定性；$p=c_c/c_p$表示混凝土保护层厚度的测量值 $c_c$（随机变量）与混凝土保护层厚度的设计值 $c_p$（非随机变量）之间关系的不定性。

假定 $c$、$p$ 之间相互独立，推导得到 $c_z$ 的均值 $m_{cz}$、离散系数 $v_{cz}$ 及均方差 $\sigma_{cz}$：

$$m_{cz} = m_c m_p c_p \tag{6-32}$$

$$v_{cz} = \sqrt{v_c^2 + v_p^2} \tag{6-33}$$

$$\sigma_{cz} = m_{cz} v_{cz} \tag{6-34}$$

## 二、抗碳化的荷载与抗力因素中不定性参数的分布确定分析

### （一）荷载因素中不定性参数的分布确定

分析使用的混凝土碳化速度系数数据来源于文献[10]某分洪闸同批 6 个工作桥大梁中的抽测值，共计 71 个。其样本均值 3.69 mm/a，样本标准差 1.41 mm/a。采用皮尔逊 $\chi^2$ 准则检验上述混凝土碳化速度系数是否符合正态分布 $N(3.69\ \text{mm/a}、1.41^2\ \text{mm/a})$。将 71 个数据按大小值排列以后分组如表 6-4 所示。

表 6-4　混凝土碳化速度系数按大小值排序后的分组

| 序　号 | 分组间隔（mm/a） | 频数 $f_i^*$ |
|---|---|---|
| 1 | $-\infty \sim 2.60$ | 19 |
| 2 | $2.60 \sim 3.65$ | 19 |
| 3 | $3.65 \sim 4.78$ | 16 |
| 4 | $4.78 \sim +\infty$ | 17 |

由式（6-35）计算表 6-5 中各组的概率 $p_i$，计算结果见表 6-5。

$$F_0(x) = \int_{-\infty}^{\frac{x-3.69}{1.41}} \frac{1}{\sqrt{2\pi}} e^{-\frac{\mu^2}{2}} d\mu \tag{6-35}$$

表 6-5　各组的概率 $p_i$ 计算值

| 序号 | $b_i$ | $F_0(b_i)$ | $p_i = F_0(b_i) - F_0(b_{i-1})$ |
|---|---|---|---|
| 1 | 2.60 | 0.220 6 | 0.220 6 |
| 2 | 3.65 | 0.488 0 | 0.267 4 |
| 3 | 4.78 | 0.779 4 | 0.291 4 |
| 4 | $+\infty$ | 1 | 0.220 6 |

这时各组理论频数的最小值 $np_i = 71 \times 0.220\ 6 = 15.66 > 5$，故上述分组是合适的。然后由式(6-36)计算得到统计量$\chi^2$ 的具体值$\chi_0^2 = 1.89$：

$$\chi_0^2 = \sum_{i=1}^{4} \frac{(f_i^* - np_i)^2}{np_i} \tag{6-36}$$

对给定检验水平 $\alpha = 0.05$，自由度取 1 时的临界值

$$\chi_{0.05}^2(1) = 3.84$$

由于$\chi_0^2 = 1.89 < 3.84$，故可以确定该批检测得到的混凝土碳化速度系数值符合正态分布 $N(3.69\ \mathrm{mm/a}, 1.41^2\ \mathrm{mm/a})$。结合文献中提供的其他参数，按照式(6-28)～式(6-30)计算得到 $m_{Lz}$、$v_{Lz}$、$\sigma_{Lz}$，见表 6-6。

表 6-6　荷载因素的统计值

| 项　目 | $z$ | $p$ | $w_c$ | $L_z$ |
|---|---|---|---|---|
| 均值 | 1.0 | 0.87 | 3.69 mm/a | $3.21\sqrt{t}$ mm/a |
| 离散系数 | 0.07 | 0.24 | 0.38 | 0.455 |
| 均方差 | 0.07 | 0.21 | 1.41 mm/a | $1.46\sqrt{t}$ mm/a |

**(二)抗力因素中不定性参数的确定**

目前,由于式(6-31)中不定性参数 $c$、$p$ 还缺少特征值的统计资料,因此本文参照构件几何特征不定性参数的统计特征值,取 $m_c=1$,$v_c=0.03$,$m_p=1$,$v_p=0.03$,代入式(6-32)~式(6-34)计算得到:$m_{cz}=c_p$,$v_{cz}=0.042$,$\sigma_{cz}=0.042c_p$。

## 三、抗碳化的耐久度计算

混凝土抗碳化的耐久度计算是属于钢筋混凝土构件正常使用极限状态可靠度计算的一个方面,与之相应的耐久度指标 $B_f$ 一般为 1.0~2.0,对应的失效概率 $p_f \geqslant 10^{-3}$,于是假定状态函数式(6-37)中的 $G$ 为正态分布,不会对 $B_f$ 的计算造成较大的误差:

$$G = c_z - L_z \tag{6-37}$$

因此,对应的耐久度指标 $B_f$ 用式(6-38)计算:

$$B_f = \frac{m_G}{\sigma_G} = \frac{m_{cz} - m_{Lz}}{\sqrt{\sigma_{cz}^2 + \sigma_{Lz}^2}} \tag{6-38}$$

将实例中有关的统计参数代入式(6-38)得到:

$$B_f = \frac{c_p - 3.21\sqrt{t}}{\sqrt{0.0018c_p^2 + 2.13t}} \tag{6-39}$$

由于该工作桥大梁箍筋混凝土保护层厚度的计算值 $c_p$ 为 20 mm,且已建成 22 a,因此目前该大梁箍筋混凝土保护层抗碳化的耐久度具体指标 $B_f=0.72$,相应的失效概率 $p_f=23.58\%$。

## 四、抗碳化耐久度偏低的原因分析

该分洪闸的设计使用年限为 30 a,那么相应的工作桥大梁混凝土保护层厚度至少在 30 a 内抗碳化的耐久度不小于 1.0,然而实际上目前大梁仅使用 22 a,混凝土保护层抗碳化的实际耐久度指标仅有 0.72,已不能满足钢筋混凝土构件正常使用极限状态的可靠度指标。如果反演式(6-39)可以得到,当 $t$ 取 18.2 a 时耐久度 $B_f$ 才为 1.0,也就是实际使用年限仅为设计年限的一半稍强。造成这种情况的原因主要有如下两个方面:

首先,工作桥大梁高 2 m,内部的配筋较多,因此施工时常规的棒状振捣器无法插入混凝土振捣,当时施工队又缺乏其他有效的振捣工具,因而仅采用振捣棒头焊接钢筋插入混凝土振捣的简易施工方法,致使混凝土的振捣效果不太理想,大梁内混凝土的密实度较差,空气中的二氧化碳等酸性气体就比较容易侵入,使混凝土保护层的碳化速度加快。

其次,大梁施工时的水灰比达到 0.8,也是造成梁内混凝土不密实,加速混凝土保护层碳化的主要原因。因此,在混凝土保护层厚度设计取值时,不仅要考虑构件的性质及构件所处的环境因素,更重要的是必须对影响混凝土碳化速度的因素,如混凝土的施工水平、混凝土是否掺入添加剂、混凝土的水灰比、水泥品种以及骨料的粒径和数量等方面给予具体的规定。准确确定混凝土的碳化速度系数,然后根据构件的使用年限以及要求的耐久度指标代入类似于式(6-39)中反演混凝土保护层的设计厚度 $c_p$ 值。

## 第四节　碳化对结构耐久性的影响

碳化的危害作用决定了它是钢筋混凝土结构耐久性的一个主要影响因素。目前,一般将混凝土保护层完全碳化作为钢筋混凝土结构的耐久极限。设耐久性系数表示为式(6-40):

$$\alpha_i = 1 - t_i/t_c \tag{6-40}$$

式中　$\alpha_i$——碳化时间为 $i$ 年时剩余的耐久时间率,或称耐久性系数;

$t_i$——已碳化的时间,a;

$t_c$——混凝土保护层完全碳化的时间，a。

碳化时间可表示为式(6-41)、式(6-42)：

$$t_i = (L_i/w)^2 \tag{6-41}$$

$$t_c = (c/w)^2 \tag{6-42}$$

式中 $L_i$——$i$ 年时混凝土的碳化深度，mm；

$c$——混凝土保护层厚度，mm；

$w$——碳化速度系数，mm/a。

将式(6-41)、式(6-42)代入式(6-40)得到：

$$\alpha_i = 1 - (L_i/c)^2 \tag{6-43}$$

由于碳化受水泥品种、水泥用量、水灰比、掺合料、施工手段、养护方法、环境温度和湿度以及有害气体的成分、浓度等众多因素的影响，碳化在同一结构上的发展不是均匀的，符合正态分布。因此，碳化不可能同步达到钢筋表面，钢筋受到的锈蚀程度也就不一样。依据钢筋锈蚀对结构可靠性影响程度的不同，可分为严重锈蚀、一般锈蚀及轻微锈蚀等几个等级。上述分析表明，碳化对钢筋混凝土结构耐久性的损伤不仅存在随机性，也存在模糊性。因此，式(6-43)可进一步表示为

$$\mu_{\tilde{\alpha_i}}(L_i) = \begin{cases} 1 - (L_i/c)^2 & (0 \leqslant L_i \leqslant c) \\ 0 & (L_i > c) \end{cases} \tag{6-44}$$

式中 $\mu_{\tilde{\alpha_i}}(L_i) \in [0,1]$——耐久性系数的隶属函数；

$\tilde{\alpha_i}$——混凝土碳化后耐久性系数的模糊集合。

第 $i$ 年时，碳化深度 $L_i$ 的分布函数为 $N(\mu_{L_i}, \sigma_{L_i}^2)$，概率密度函数为 $f(L_i)$，因此得到相应的耐久度为

$$\Psi_i = \int_0^{+\infty} \mu_{\tilde{\alpha_i}}(L_i) f(L_i)\,\mathrm{d}L_i = \int_0^{c} \mu_{\tilde{\alpha_i}}(L_i) f(L_i)\,\mathrm{d}L_i \tag{6-45}$$

将式(6-44)及正态分布的概率密度函数代入式(6-45)化简得到：

$$\Psi_i = \Phi(\frac{c-\mu_{L_i}}{\sigma_{L_i}}) - \Phi(\frac{-\mu_{L_i}}{\sigma_{L_i}}) - \int_0^c \frac{L_i^2}{\sqrt{2\pi}\sigma_{L_i}c^2} e^{-\frac{(L_i-\mu_{L_i})^2}{2\sigma_{L_i}^2}} dL_i \tag{6-46}$$

式中　$\Phi()$——标准正态分布函数。

将式(6-46)改为级数形式：

$$\Psi_i = \Phi(\frac{c-\mu_{L_i}}{\sigma_{L_i}}) - \Phi(\frac{-\mu_{L_i}}{\sigma_{L_i}}) - \sum_{j=0}^{n} \frac{cj^2}{\sqrt{2\pi}\sigma_{L_i}n^3} e^{-\frac{(cj-n\mu_{L_i})^2}{2\sigma_{L_i}^2 n^2}} \tag{6-47}$$

**算例**

三门峡水利枢纽是一座以“合理防洪，排沙放淤，径流发电”为主要功能的大型水利工程，于 1957 年 4 月 13 日开工建设。其主体工程为混凝土重力坝，坝长 713.2 m，坝高 106 m，设计最大库容 647 亿 $m^3$。工程运用 40 多年以来已为下游防洪、下游农田灌溉、工业和城镇生活用水，以及工农业生产用电发挥了巨大的综合效益。然而，随着时间的推移，在物理、化学及人为等诸多因素的作用下，工程已发生老化和病害。1997 年 5 月对三门峡水利枢纽混凝土工程进行了碳化检测，以对工程的耐久性进行评估。混凝土工程的碳化检测涉及大坝主体及其附属结构、水电站厂房、110 kV 开关站等。

由于各部分混凝土工程修建的时间及所处的条件不一样，混凝土碳化程度的差别很大。因此，为客观评价混凝土的碳化程度，将混凝土工程进行了分区，计有溢流坝段、非溢流坝段、1 号、2 号泄洪洞、拦污栅、电站厂房、302 站桥及 110 kV 开关站共七个区，检测结果见表 6-7。

表 6-7　混凝土碳化检测结果汇总表

| 部位 | | 碳化均值(mm) | 标准差(mm) | 碳化最大值(mm) | 测点数目(个) |
|---|---|---|---|---|---|
| 溢流坝 | 上游面 | 3.5 | 1.3 | 5.0 | 3 |
| | 下游面 | 1.2 | 0.3 | 1.5 | 48 |
| | 导　墙 | 5.5 | 6.0 | 25.0 | 29 |
| 非溢流坝 | | 15.3 | 6.6 | 25.0 | 16 |
| 1号、2号泄洪洞 | 井　架 | 18.9 | 13.5 | 47.0 | 15 |
| | 井　壁 | 21.6 | 12.8 | 54.0 | 12 |
| 拦污栅 | 排架柱 | 30.0 | 10.5 | 47.0 | 21 |
| | 排架梁 | 31.0 | 3.4 | 37.0 | 6 |
| 电站厂房 | 柱 | 19.2 | 11.9 | 41.5 | 18 |
| | 梁 | 9.9 | 4.3 | 20.5 | 9 |
| 302 站桥 | 排架柱 | 27.3 | 6.7 | 36.5 | 9 |
| | 排架梁 | 21.6 | 7.4 | 33.0 | 9 |
| | 板 | 7.3 | 4.4 | 16.0 | 11 |
| 110 kV 开关站 | 排架柱 | 16.1 | 7.9 | 28.0 | 9 |

三门峡大坝本身属大体积混凝土,内部配筋较少,钢筋中的应力较低,混凝土碳化引发钢筋锈蚀造成的危害相对较小,还不至于影响大坝的安全性与耐久性,但它可作为评估混凝土工程质量的一个参考。

溢流坝段和非溢流坝段同属于少筋混凝土结构,但是二者又有一些差别。首先,溢流坝段由于需要抵抗挟沙高速水流的冲磨作用,其坝面层的配筋相对较多,且混凝土强度也较高,甚至还有区段采用环氧砂浆层作为罩面。其次,碳化检测时,由于混凝土溢流坝面已被挟沙高速水流冲磨得非常粗糙,碳化层基本上已被冲蚀,现有的碳化层厚度已较薄。在溢流坝的上、下游面,碳化最大值分别仅有 5.0 mm 和 1.5 mm,因此这些数据并不能真实反映溢流坝面混凝土的碳化程度。鉴于此,这里仅采用非溢流坝段混凝土的碳化值分析坝体的耐久性。

在非溢流坝段,平均碳化深度为 15.3 mm,测到的最大值为 25.0 mm。由于同一条件下混凝土的碳化深度服从正态分布,经拟合得到非溢流坝段混凝土碳化深度的概率分布为 $N(15.3, 6.6^2)$,因此碳化深度有 5% 的可能性超过 26.2 mm。由此可以看出,三门峡大坝处于空气湿度较大的库区,并运行了近 40 a,按理混凝土的碳化应比较严重,但事实上其碳化程度却仍然较低,这反映了大坝的施工质量和耐久性能还是比较好的。

除了 302 站桥板的混凝土保护层取为 10 mm,其他部位混凝土保护层厚度统一取为 15 mm,然后将表 6-7 中的数据一同代入式(6-47),计算得到各部位钢筋混凝土结构的耐久度 $\Psi_i$(此处 $\Psi_i$ 代表 1997 年检测时的耐久度值),结果列于表 6-8。

由表 6-8 的计算结果可以看出,上述各结构的耐久度都相当小。说明它们经过近 40 a(各结构的建成时间有差别)的运行,碳化已非常严重,基于碳化考虑,它们的耐久性已非常低了。耐久性最好的是电站厂房梁,这与其表面粉刷层能在一定程度上阻止碳化的发展有关,即使如此,其耐久度也仅有 0.491。

截至 1997 年,三门峡大坝已经过近 40 a 的运行,基于碳化分析其耐久性后认为,其坝体的混凝土质量及耐久性较好,而其他钢筋混凝土结构的耐久性已严重不足。这一方面与它们所处的恶劣环境有关,另一方面,当时结构的设计使用期为 50 a,与混凝土保护层厚度取值偏小有关。

表 6-8　各结构耐久度计算结果汇总

| 部　位 | | $\Psi_i$ |
| --- | --- | --- |
| 1 号、2 号泄洪洞 | 井　架 | 0.176 |
| | 井　壁 | 0.140 |
| 拦污栅 | 排架柱 | 0.017 |
| | 排架梁 | 0 |
| 电站厂房 | 柱 | 0.170 |
| | 梁 | 0.491 |
| 302 站桥 | 排架柱 | 0 |
| | 排架梁 | 0.055 |
| | 板 | 0.399 |
| 110 kV 开关站 | 排架柱 | 0.212 |

结构耐久性不足，虽然不能表示结构完全不能使用，但是它潜在的危险是存在的。因此，针对三门峡水利枢纽中各钢筋混凝土结构耐久性不足的问题应引起重视，及时采取措施进行耐久性修复，确保工程的长治久安。

# 第五节　碳化对结构安全性的影响

## 一、碳化对结构承载能力的影响

碳化使混凝土的碱度降低，导致钢筋锈蚀，减小钢筋截面，而且锈蚀钢筋的体积一般要增长 2 ~ 4 倍，使混凝土保护层胀裂，破坏钢筋与混凝土的黏结，因而导致结构承载能力降低。

如果混凝土仅发生碳化，钢筋并未出现严重锈蚀，由于混凝土碳化后强度的提高，也会增加结构的承载能力，但混凝土碳化后变硬变脆的特点，将影响结构的变形能力。试验结果表明，钢筋混凝土梁碳化后，截面的屈服承载力和极限承载力都有所提高，但屈服挠度和极限挠度明显减小。当然碳化混凝土梁的抗弯能力及变形能力变化的幅度与混凝土的碳化程度及梁的配筋率有密切关系。

### 二、碳化对结构抗震、抗火性能的影响

混凝土结构发生不同程度的碳化后，其强度和刚度提高，延性降低，当遭遇地震作用时，由于结构的耗能能力降低，将削弱混凝土结构的抗震能力。

此外，碳化对结构抗火也极为不利。碳化混凝土由于孔隙率降低和密实度增加，在火灾发生后，混凝土内部的高压水汽不能很快扩散到外面，很容易造成外表混凝土的爆裂与剥落，导致结构破坏。

## 第六节　碳化对结构质量评估的影响

已建的钢筋混凝土建筑物由于常年受到物理、化学等多方面自然因素的作用，都不同程度地出现了老化病害现象，混凝土碳化是其中一种主要病害。此时，老化病害建筑物内部某些关键承力构件的刚度和强度降低，造成在设计使用年限内建筑物的正常使用功能已满足不了设计标准的要求，标志着钢筋混凝土建筑物已步入老龄化阶段。

以钢筋混凝土梁为例，影响其质量的因素主要包括混凝土的碳化深度、钢筋的锈蚀、混凝土的最大裂缝宽度、混凝土的强度、混凝土的均匀性、梁的挠度及周围环境等多种因素。由于这些因素对梁质量的影响程度不一，并且各种因素又错综复杂，相互联系，

因此单靠经验难以判断梁质量的好坏，如果运用模糊评判的方法进行综合分析，就可客观评判出梁质量好坏的特征状态。

## 一、模糊变换矩阵的形成

### （一）模糊评判方法

取混凝土碳化深度($C_t$)、钢筋锈蚀($G$)、混凝土最大裂缝宽度($f_{max}$)、混凝土强度($f_c$)和混凝土均匀性($C_v$)5 个主要方面作为评判梁质量的单因素，其组成的论域为 $U=\{C_v, f_c, C_t, f_{max}, G\}$，将梁的质量分为 5 个等级，"好"、"较好"、"一般"、"较差"和"差"，其组成的评语论域为 $V=\{$好、较好、一般、较差、差$\}$，因此可以建立 5 个单因素对论域 $V$ 的隶属函数，形成模糊关系矩阵：

$$R=(r_{ij})_{5\times5}=\begin{bmatrix}\mu_{C_v j}(C_v)\\ \mu_{f_c 6-j}(f_c)\\ \mu_{C_t j}(C_t)\\ \mu_{tj}(f_{max})\\ \mu_{Gj}(G)\end{bmatrix}_{5\times5} \tag{6-48}$$

式中，$0\leqslant r_{ij}\leqslant1(i=1,2,\cdots,5;j=1,2,\cdots,5)$。

5 个单因素对梁质量影响程度的权重是不一样的，其组成的模糊向量为：

$$X=(X_{1i})_{1\times5} \tag{6-49}$$

式中，$0\leqslant X_{1i}\leqslant1(i=1,2,\cdots,5)$。

则可以通过模糊变换，得到对梁质量的综合评判结果。

$$Y=X\cdot R \tag{6-50}$$

式中，$Y=(y_{1j})_{1\times5}, y_{1j}=\bigvee_{i=1}^{5}(X_{1i}\wedge r_{ij})$。

### （二）混凝土均匀性的隶属函数确定

混凝土质量的均匀性是反映施工水平的一个重要参数，一般采用混凝土强度分布的离均系数衡量。混凝土强度离均系数属于

“好”、“较好”、“一般”、“较差”和“差”5 个等级的隶属函数取式(6-51)~式(6-53)。

混凝土均匀性属于“好”的隶属函数图(降半梯形分布)及表达式为

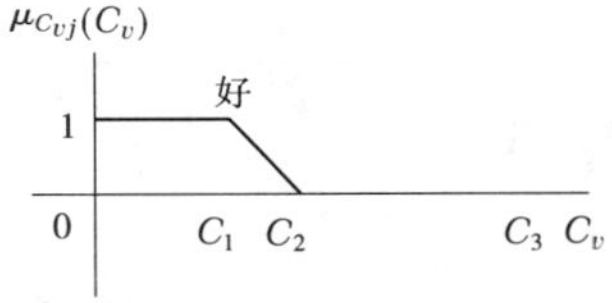


$$\mu_{C_vj}(C_v)=\begin{cases}1 & (C_v\leqslant C_1)\\ 1-\dfrac{C_v-C_1}{C_2-C_1} & (C_1<C_v<C_2)\\ 0 & (C_v\geqslant C_2)\end{cases}\tag{6-51}$$

混凝土均匀性属“较好($j=2$)”、“一般($j=3$)”、“较差($j=4$)”的隶属函数图(三角形分布)及表达式为

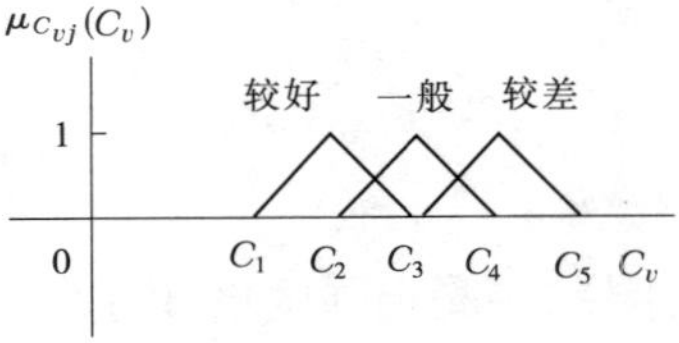


$$\mu_{C_vj}(C_v)=\begin{cases}0 & (C_v\leqslant C_{j-1})\\ 1+\dfrac{C_v-C_j}{C_j-C_{j-1}} & (C_{j-1}<C_v<C_j)\\ 1-\dfrac{C_v-C_j}{C_{j+1}-C_j} & (C_j<C_v<C_{j+1})\\ 0 & (C_v\geqslant C_{j+1})\end{cases}\tag{6-52}$$

混凝土均匀性属于“差”的隶属函数图(升半梯形分布)及表达式为

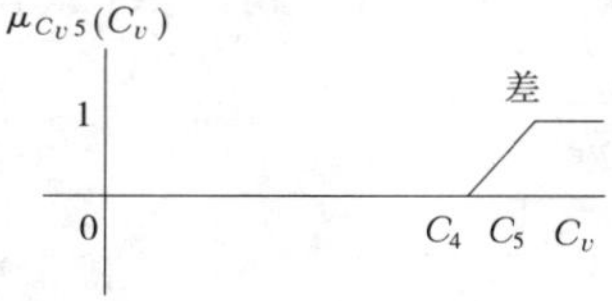


$$\mu_{C_v5}(C_v) = \begin{cases} 0 & (C_v \leqslant C_4) \\ 1 + \dfrac{C_v - C_5}{C_5 - C_4} & (C_4 < C_v < C_5) \\ 1 & (C_v \geqslant C_5) \end{cases} \tag{6-53}$$

式中,$C_1 = 0.10$,$C_2 = 0.15$,$C_3 = 0.20$,$C_4 = 0.25$,$C_5 = 0.30$。

**(三)混凝土强度的隶属函数确定**

梁的强度主要分为抗弯和抗剪两个方面,梁满足抗弯要求时取式(6-54):

$$KM \leqslant \zeta A_R R_R h_0 \tag{6-54}$$

式中 $\zeta = 1 - 0.5\mu A_R / R_w$。

当梁的截面取矩形,混凝土强度设计等级选用 C25,梁内纵筋取经济配筋率 0.6% ~ 1.5%,钢筋选Ⅰ级或Ⅱ级时,$\zeta$ 值列于表 6-9。但是由于施工养护不当以及老化病害等因素,造成混凝土强度等级降低为 C20 或 C15 时,其相应的 $\zeta$ 将以不同的钢筋等级和配筋率而降低(见表 6-9),并且梁的抗弯安全系数降低幅度还随着钢筋级别的提高和配筋率的增加而增大,尤其是表 6-10 中有的安全系数已经比次一等级建筑物的安全系数还要低。

**表 6-9　$\zeta$ 在不同混凝土强度以及配筋情况下的计算值**

| $R_S$ | C25 | | C20 | | C15 | |
|---|---|---|---|---|---|---|
| | $\mu=0.6\%$ | $\mu=1.5\%$ | $\mu=0.6\%$ | $\mu=1.5\%$ | $\mu=0.6\%$ | $\mu=1.5\%$ |
| 240 MPa | 0.960 | 0.900 | 0.949 | 0.871 | 0.931 | 0.829 |
| 340 MPa | 0.943 | 0.858 | 0.927 | 0.818 | 0.903 | 0.757 |

**表 6-10　混凝土强度降低造成梁(抗弯强度)安全系数降低的计算值**

| 指标 | | | 1 级建筑物 | | 2、3 级建筑物 | | 4、5 级建筑物 | |
|---|---|---|---|---|---|---|---|---|
| | | | 基本荷载 | 特殊荷载 | 基本荷载 | 特殊荷载 | 基本荷载 | 特殊荷载 |
| 混凝土设计强度 C25 | | | 1.65 | 1.45 | 1.50 | 1.40 | 1.40 | 1.35 |
| 混凝土强度降低至 C20 | Ⅰ级钢筋 | 0.6% | 1.63 | 1.43 | 1.48 | 1.38 | 1.38 | 1.33 |
| | | 1.5% | 1.60 | 1.40 | 1.45 | 1.35 | 1.35 | 1.31 |
| | Ⅱ级钢筋 | 0.6% | 1.62 | 1.43 | 1.47 | 1.38 | 1.38 | 1.33 |
| | | 1.5% | 1.57 | 1.38* | 1.43 | 1.33* | 1.33 | 1.29 |
| 混凝土强度降低至 C15 | Ⅰ级钢筋 | 0.6% | 1.60 | 1.41 | 1.45 | 1.36 | 1.36 | 1.31 |
| | | 1.5% | 1.52 | 1.34* | 1.38* | 1.29* | 1.29 | 1.24 |
| | Ⅱ级钢筋 | 0.6% | 1.58 | 1.39* | 1.44 | 1.34* | 1.34 | 1.29 |
| | | 1.5% | 1.46* | 1.28* | 1.32* | 1.24* | 1.24 | 1.19 |

**注:** * 表示安全系数比次一级建筑物低。

在梁的抗剪方面,不论梁内是否配有抗剪箍筋与抗剪弯起钢筋,混凝土强度由设计值 C25 降低至 C20 和 C15 时,其对梁的抗剪强度影响都是巨大的。因此,结合梁抗弯与抗剪两方面的分析,对混凝土强度等级设计为 C25 的梁,考虑到由于施工、养护不当以及老化病害等因素造成的混凝土强度降低,或者由于混凝土强度后期的提高这些因素,给出混凝土强度对 5 个等级评语的隶属函数。

混凝土强度属于“差”的隶属函数图(降半梯形分布)及表达式为

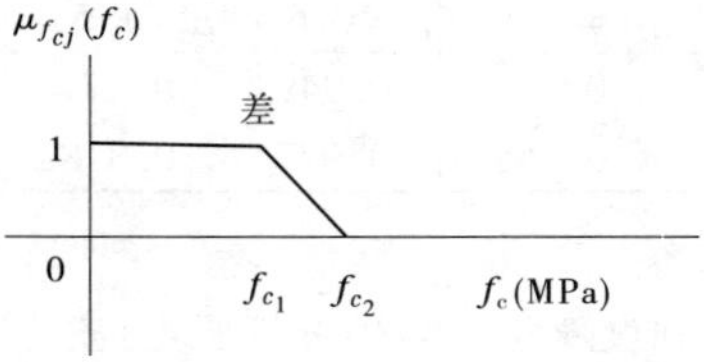


$$\mu_{f_{c_1}}(f_c) = \begin{cases} 1 & (f_c \leqslant f_{c1}) \\ 1 - \dfrac{f_c - f_{c_1}}{f_{c_2} - f_{c_1}} & (f_{c_1} < f_c < f_{c_2}) \\ 0 & (f_c \geqslant f_{c_2}) \end{cases} \tag{6-55}$$

混凝土强度属于“较差($j=2$)”、“一般($j=3$)”、“较好($j=4$)”的隶属函数图(三角形分布)及表达式为

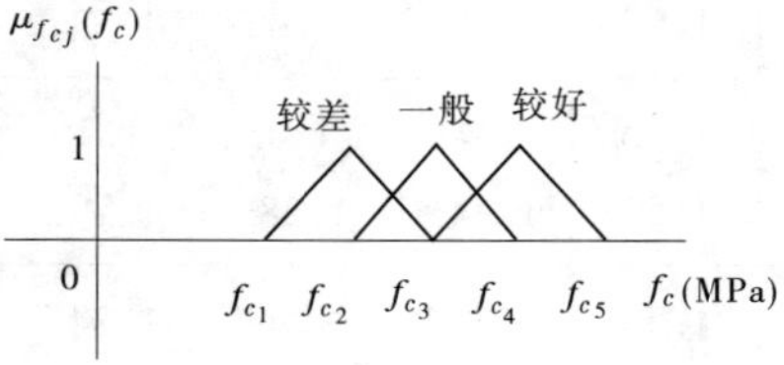


$$\mu_{f_{cj}}(f_c) = \begin{cases} 0 & (f_c \leqslant f_{c_{j-1}}) \\ 1 + \dfrac{f_c - f_{c_j}}{f_{cj} - f_{c_{j-1}}} & (f_{c_{j-1}} < f_c < f_{c_j}) \\ 1 - \dfrac{f_c - f_{c_j}}{f_{c_{j+1}} - f_{c_j}} & (f_{c_j} < f_c < f_{c_{j+1}}) \\ 0 & (f_c \leqslant f_{c_{j+1}}) \end{cases} \tag{6-56}$$

混凝土强度属于“好”的隶属函数图(升半梯形分布)及表达式为

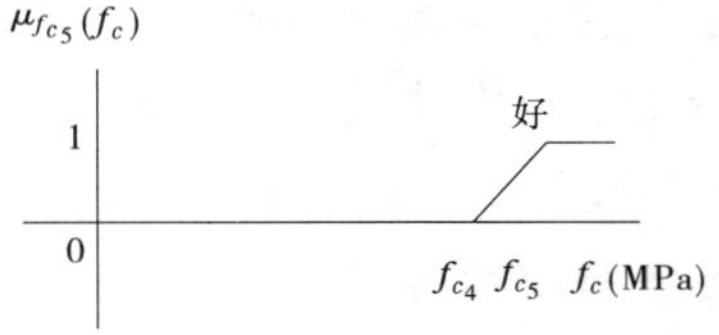


$$\mu_{f_{c5}}(f_c) = \begin{cases} 0 & (f_c \leqslant f_{c4}) \\ 1 + \dfrac{f_c - f_{c5}}{f_{c5} - f_{c4}} & (f_{c4} < f_c < f_{c5}) \\ 1 & (f_c \geqslant f_{c5}) \end{cases} \tag{6-57}$$

式中，$f_{c_1} = 15$ MPa；$f_{c_2} = 20$ MPa；$f_{c_3} = 25$ MPa；$f_{c_4} = 30$ MPa；$f_{c_5} = 35$ MPa。

### （四）混凝土碳化深度的隶属函数确定

混凝土保护层的碳化破坏了钢筋表面的碱性钝化膜，使钢筋锈蚀膨胀及混凝土保护层胀裂，破坏了钢筋与混凝土的黏结力，降低了梁的强度和刚度。混凝土碳化深度相应于5个等级评语的隶属函数和表达式见式(6-51)～式(6-53)，相应替换符号见表6-11。其中 $C_{t1} = 0.8C_0$，$C_{t2} = 0.9C_0$，$C_{t3} = C_0$，$C_{t4} = C_0 + d/2$，$C_{t5} = C_0 + d$，$C_0$ 为箍筋混凝土保护层厚度，$d$ 为箍筋的直径。

**表6-11　有关表达式符号的替换比照表**

| 内容 | 项目 | 隶属函数 | 界　限　制 | | | | | |
|---|---|---|---|---|---|---|---|---|
| 式(6-51)～式(6-53)中的符号 | 混凝土均匀性 | $\mu_{C_{vj}}(C_v)$ | $C_v$ | $C_1$ | $C_2$ | $C_3$ | $C_4$ | $C_5$ |
| 替换符号 | 混凝土碳化深度 | $\mu_{C_{tj}}(C_t)$ | $C_t$ | $C_{t1}$ | $C_{t2}$ | $C_{t3}$ | $C_{t4}$ | $C_{t5}$ |
| | 混凝土最大裂缝 | $\mu_{fj}(f_{max})$ | $f_{max}$ | $f_1$ | $f_2$ | $f_3$ | $f_4$ | $f_5$ |
| | 钢筋锈蚀 | $\mu_{Gj}(G)$ | $G$ | $G_1$ | $G_2$ | $G_3$ | $G_4$ | $G_5$ |

注：其中符号的意义见有关内容。

**（五）最大裂缝宽度的隶属函数确定**

按照钢筋混凝土结构构件最大裂缝宽度的容许值规定，取最大裂缝宽度针对 5 级评语的隶属函数表达式见式（6-51）~式（6-53），相应的替换符号见表 6-11，其中 $f_1=0.15$ mm，$f_2=0.20$ mm，$f_3=0.25$ mm，$f_4=0.30$ mm，$f_5=0.35$ mm。

**（六）钢筋锈蚀的隶属函数确定**

钢筋锈蚀的途径主要有 3 种情况：其一是当混凝土保护层完全碳化后，外界的腐蚀性酸性气体破坏了钢筋的碱性钝化膜而使钢筋产生锈蚀；其二是由于施工时混凝土中加入的氯盐使钢筋发生电化学反应而产生锈蚀，这二者均可能不同程度地引起混凝土保护层的胀裂；其三是由于混凝土保护层出现裂缝，钢筋失去保护而产生锈蚀，因此可以从混凝土的外表情况大致判断钢筋的锈蚀程度。取钢筋锈蚀程度对 5 级评语的隶属函数表达式见式（6-51）~式（6-53），相应的替换符号见表 6-11，其中 $G_1=1$ 代表混凝土表面完好（内部钢筋可能有轻微锈蚀）；$G_2=2$ 代表混凝土表面非顺筋向裂缝处有轻微锈斑；$G_3=3$ 代表混凝土表面非顺筋向裂缝处有明显锈斑；$G_4=4$ 代表有顺箍筋向胀裂裂缝；$G_5=5$ 代表有顺纵筋向胀裂裂缝。

## 二、算例

某分洪闸工作桥钢筋混凝土大梁建于 1972 年。大梁共有 14 根，每根大梁长 21.95 m，宽 30 cm，高 2 m，混凝土设计强度等级为 C25，箍筋直径 10 mm，箍筋保护层厚度 2 cm。为查明大梁的老化病害程度，经采用多种方法对其中 8 根大梁进行了无损质量检测，结果列于表 6-12。

表 6-12 工作桥大梁无损质量检测结果

| 梁编号 | 推定混凝土强度值(MPa) | 混凝土强度离均系数 | 碳化深度平均值(mm) | 推算 10 年后碳化深度(mm) | 最大裂缝宽度(mm) | 钢筋锈蚀情况 |
|---|---|---|---|---|---|---|
| 1 孔上游梁 | 16.8 | 0.246 | 25.9 | 31.3 | 1.50 | $G_5$ |
| 1 孔下游梁 | 14.7 | 0.182 | 31.0 | 37.4 | 2.00 | $G_5$ |
| 2 孔上游梁 | 30.6 | 0.157 | 14.8 | 17.9 | 0.26 | $G_4$ |
| 2 孔下游梁 | 31.8 | 0.105 | 13.6 | 16.3 | 0.60 | $G_4$ |
| 3 孔上游梁 | 29.8 | 0.114 | 19.2 | 23.1 | 0.60 | $G_5$ |
| 3 孔下游梁 | 25.2 | 0.128 | 18.2 | 22.0 | 0.60 | $G_5$ |
| 4 孔上游梁 | 28.9 | 0.129 | 20.2 | 24.1 | 0.40 | $G_5$ |
| 4 孔下游梁 | 24.8 | 0.110 | 18.2 | 22.0 | 0.45 | $G_5$ |

经有关专家建议,式(6-49)的权重模糊向量取为:

$$X = (0.141, 0.174, 0.272, 0.196, 0.217)$$

将表 6-12 中的数据代入式(6-50)得到归一化后的综合评判结果:

1 孔上游梁:$Y = (0, 0, 0.141, 0.478, 0.381)$

1 孔下游梁:$Y = (0, 0.255, 0.255, 0, 0.490)$

2 孔上游梁:$Y = (0.317, 0.202, 0.228, 0.253, 0)$

2 孔下游梁:$Y = (0.317, 0.203, 0, 0.252, 0.228)$

3 孔上游梁:$Y = (0.156, 0.302, 0.302, 0, 0.240)$

3 孔下游梁:$Y = (0.175, 0.338, 0.217, 0, 0.270)$

4 孔上游梁:$Y = (0.167, 0.206, 0.323, 0.047, 0.257)$

4 孔下游梁:$Y = (0.167, 0.323, 0.206, 0.047, 0.257)$

为考察混凝土碳化对大梁质量的影响,假设只有混凝土碳化值发生变化,计算给出 10 年后大梁可能处于的质量状况:

1 孔上游梁:$Y = (0, 0, 0.152, 0.331, 0.157)$

1 孔下游梁:$Y = (0, 0.225, 0.255, 0, 0.490)$

2 孔上游梁：$Y=(0.284,0.284,0.205,0.227,0)$

2 孔下游梁：$Y=(0.317,0.203,0,0.252,0.228)$

3 孔上游梁：$Y=(0.130,0.162,0.253,0.253,0.202)$

3 孔下游梁：$Y=(0.138,0.138,0.266,0.266,0.212)$

4 孔上游梁：$Y=(0.130,0.162,0.253,0.253,0.202)$

4 孔下游梁：$Y=(0.138,0.138,0.266,0.245,0.213)$

通过对 5 个单因素的综合评判后可以看出，8 根梁中，第 2 孔上、下游梁“好”与“较好”的比重占得最大，第 3、4 孔上、下游梁“较好”与“一般”的比重占得大，第 1 孔上、下游梁“较差”和“差”的比重占得最大。当预测 10 年后梁的质量时，仍然是第 2 孔上、下游梁的质量最好（属于“好”或“较好”），而第 3、4 孔上、下游梁的质量次之（属于“一般”或“较差”），第 1 孔上、下游梁的质量最差（属于“差”）。后来经对大梁的现场拆除解剖证实，本书采用模糊综合评判分析得到的结论和大梁的基本情况相当符合。尤其是第 1 孔上游梁纵筋锈蚀面积最大的已达 25.3%，第 3 孔上、下游梁箍筋锈蚀面积普遍达到 10% 左右，已严重破坏了钢筋与混凝土的黏结力，损害了二者联合共同工作的基本特性。

## 参考文献

[1] B. B. Mandelbrot, Fractal: Form, Chance and Dimensions, W. H. Freeman and Company, 1977.

[2] B. B. Mandelbrot, The Fractal Geometry of Nature, W. H. Freeman, 1982.

[3] 李后强，艾南山. 分形地貌学及地貌发育的分形模型[J]. 自然杂志，1992(7).

[4] 谢和平，陈至达. 断口定量分析的分形几何方法[J]. 工程力学，1989，11.

[5] 刘式达，刘式适. 分形和分维引论[M]. 北京：气象出版社. 1993.

[6] 汪富泉，李后强. 分形[M]. 济南：山东教育出版社，1996.

[7] 甘仞初. 动态数据的统计分析[M]. 北京：北京理工大学出版社，1991.

[8] 杨福生,随机信号分析[M].北京:清华大学出版社,1990.
[9] 闵华玲.随机过程[M].上海:同济大学出版社,1987.
[10] 袁群,杨业奇,沈凤生,等.黄河下游豆腐窝分洪分凌闸机架桥大梁质量检测报告[R].黄科技94045号,1994.10.
[11] 中国建筑科学研究院建筑结构研究规范研究室.以概率论为基础的极限状态设计方法—我国建筑结构设计统一标准(初稿)中的若干概念问题[J].建筑结构学报,1981.
[12] 赵国藩,曹居易,张宽权.工程结构可靠度[M].北京:水利电力出版社,1984.
[13] 赵国藩.工程结构可靠性理论与应用[M].大连:大连理工大学出版社,1996.
[14] 黄河三门峡水利枢纽志编纂委员会.黄河三门峡水利枢纽志[M].北京:中国大百科全书出版社,1993.
[15] 高丹盈,张保河.砼碳化速度系数的概率模型的研究[J].工业建筑,1992(5).
[16] 袁群,赵国藩.混凝土碳化深度随机时间序列预报模型[J].大连理工大学学报,2000(3).
[17] 袁群,杨业奇,郝鸳.水工建筑物中钢筋混凝土梁构件质量的模糊综合评判分析[J].福州大学学报,1996(9),增刊.
[18] 贺仲雄.模糊数学及其应用[M].天津:天津科学技术出版社,1983.
[19] 汪培庄.模糊集合论及其应用[M].上海:上海科学技术出版社,1986.
[20] 袁群,杨业奇,姬美秀,等.豆腐窝分洪闸工作桥大梁的质量检测与分析[J].人民黄河,1995(8).
[21] 李检保.砼碳化及其碳化后力学性能试验与分析[D].同济大学,1997.
[22] 梁发云.碳化后混凝土基本构件力学性能研究[D].同济大学,1998.

# 第七章　碳化深度的预测

混凝土碳化使钢筋失去保护而产生锈蚀,降低结构的抗力,是结构耐久性损伤的一种主要病害。碳化深度的预测对结构剩余使用寿命的评估、选择结构加固时机方面具有重要作用,因此对碳化深度进行预测就非常必要。混凝土碳化是随时间变化的一个随机变量,受到的影响因素较多,对它进行准确预测的难度较大。许多学者采用不同方法建立了碳化深度的预测模型。

## 第一节　基于混凝土特征的预测模型

### 一、水灰比模型

大量微观孔隙的存在是酸性气体进入混凝土,造成混凝土碳化的一个重要前提,而水灰比又是决定混凝土孔隙多少的关键因素,因此水灰比与混凝土碳化的关系极为密切。颜承越使用 425 号矿渣水泥、细砂、5 ~ 30 mm 碎石,同期制作了 6 个配合比、边长 10 cm、共 150 块碳化试件。在正常温度下,潮湿养护 7 ~ 10 d,而后“品”字形堆放于院内(避免日晒雨淋)进行自然碳化,分 50 d、100 d、180 d、300 d、370 d 五个龄期测定了混凝土的碳化深度,建立的水灰比与碳化深度的拟合关系式与精度见表 7-1。

由表 7-1 可见,水灰比与碳化深度呈典型的线性关系。但是这种关系也不是一成不变的,如果混凝土中掺入不同品种和剂量的减水剂,这种关系的相关性将发生变化。如南京水科院资料显示,在 12 组配合比的混凝土中,水灰比都为 0.65,水泥用量相同,由于所掺减水剂品种及数量不同，结果同龄期碳化深度相差非常悬殊，最大的 20 mm，最小的仅 4.6 mm，因此水灰比与碳化深度之间就不能用线性关系进行描述。

**表 7-1　水灰比—碳化深度拟合方程与精度**

| 龄期(d) | 拟合方程 | 相关系数 $r$ | 平均相对误差 $\pm\delta$(%) | 相对标准差 $S_r$(%) |
|---|---|---|---|---|
| 50 | $L=8.42W/C-2.166$ | 0.975 8 | 7.50 | 9.40 |
| 100 | $L=12.41W/C-3.61$ | 0.981 8 | 7.11 | 9.06 |
| 180 | $L=16.67W/C-4.29$ | 0.987 1 | 7.14 | 8.92 |
| 300 | $L=17.6W/C-3.4$ | 0.981 0 | 5.93 | 7.15 |
| 370 | $L=19.99W/C-3.96$ | 0.970 2 | 7.28 | 9.53 |
| 50 ~ 370 | $L=16.87W/C+0.4837\sqrt{t}-11.22$ | 0.974 | 11.40 | 18.69 |

采用水灰比来预测碳化深度的不足之处是不很直观，使用不太方便。尤其对已建成的混凝土结构，人们对它的水灰比往往不注意，但如果提到某某结构的混凝土强度，工程设计人员或管理人员一般都记忆深刻。因此，建立混凝土强度与碳化深度的关系也就非常自然且必要了。

## 二、混凝土强度模型

一般情况下，混凝土强度是混凝土施工和养护质量的综合反应。尤其是混凝土强度与水灰比的关系密切，混凝土强度越高，混凝土越密实，酸性气体向混凝土中扩散的阻力越大，碳化速度越慢；反之，混凝土强度越低，碳化速度越快。混凝土强度与碳化速度的密切关系已为大量的试验证实，如苏联学者对大量的试验结果进行了分析,拟合公式的相关系数为 0.82 ~ 0.96;英国建筑研究院进行的 10 a 龄期的碳化试验也表明,碳化深度与抗压强度之间有良好的相关性。因此,碳化深度的混凝土强度模型可概括为式(7-1):

$$L = f(f_{cu}, \sqrt{t}) \tag{7-1}$$

式中　$L$——混凝土碳化深度;

$f_{cu}$——混凝土立方体抗压强度;

$t$——混凝土碳化时间。

不同学者依据各自的研究对式(7-1)进行了具体的量化。颜承越利用本节第一部分的试验数据,对混凝土的抗压强度和碳化深度进行了拟合分析,结果见表 7-2。

**表 7-2　混凝土强度—碳化深度拟合方程与精度**

| 龄期(d) | 拟合方程 | 相关系数 $r$ | 平均相对误差 $\pm\delta$(%) | 相对标准差 $S_r$(%) |
|---|---|---|---|---|
| 50 | $L = 145.11 f_{cu}^{-1.149}$ | -0.976 8 | 8.32 | 10.68 |
| 100 | $L = 203.61 f_{cu}^{-1.148}$ | -0.979 4 | 8.01 | 10.07 |
| 180 | $L = 248.08 f_{cu}^{-1.074}$ | -0.977 5 | 8.03 | 10.14 |
| 300 | $L = 210.62 f_{cu}^{-0.968}$ | -0.979 3 | 6.98 | 8.28 |
| 370 | $L = 236.54 f_{cu}^{-0.970}$ | -0.966 0 | 8.76 | 11.04 |
| 50 ~ 370 | $L = 21.22 - 14.69 \lg f_{cu} + 0.523\sqrt{t}$ | 0.973 | 12.95 | 17.54 |

为了探讨其他因素对碳化的影响,他们又进行了 73 批(每批碳化样本 $n \geq 15$)、1 400 多个碳化样本试验,建立一元拟合方程 73 个,二元拟合方程 6 个。尽管上述每批碳化试验的碳化条件有所不同,但是混凝土强度与碳化深度都具有显著的相关性,具体结果

见表7-3。

表7-3　碳化拟合方程相关系数的统计

| 相关系数 $r$ | 0.85～0.90 | 0.90～0.95 | 0.95～0.99 | 合计 |
| --- | --- | --- | --- | --- |
| 批数 | 8 | 25 | 46 | 79 |
| 占总数(%) | 10.1 | 31.7 | 58.2 | 100 |

基于混凝土强度预测碳化深度的公式,可以根据既定的耐久年限、混凝土强度来确定混凝土的保护层厚度,或根据耐久年限、保护层厚度来确定所需的混凝土强度,或根据混凝土强度、保护层厚度来推算耐久年限。总之,该模型最大的特点是简明扼要,便于工程设计人员和工程管理人员的应用。

# 第二节　考虑多因素的预测模型

## 一、随机模型

牛荻涛等提出的预测碳化深度的随机模型考虑了环境温湿度、$CO_2$ 浓度及混凝土质量的影响,可表达为式(7-2):

$$L = k_T K_{RH} k_{CO_2} k_C \sqrt{t} \tag{7-2}$$

式中　$L$——混凝土碳化深度;

$k_T$——环境温度影响系数,可表示为 $k_T = \sqrt[4]{T_1/T_0}$,$T_1$ 为碳化环境的温度,$T_0$ 为标准环境的温度;

$k_{RH}$——环境相对湿度系数,表示为 $k_{RH} = \dfrac{RH_1(100-RH_1)}{RH_0(100-RH_0)}$,$RH_1$ 为碳化环境的相对湿度,$RH_0$ 为标准环境的相对湿度;

$k_{CO_2}$——$CO_2$ 浓度影响系数,可以表示为 $k_{CO_2} = \sqrt{[CO_2]_1^0/[CO_2]_0^0}$,

$[CO_2]_1^0$ 为碳化环境中 $CO_2$ 浓度；$[CO_2]_0^0$ 为标准环境中 $CO_2$ 浓度；

$k_C$——混凝土质量系数；

$t$——混凝土碳化时间。

上述标准环境以西安室外地区为准，即 $[CO_2]_0^0$ 取 0.03%，$RH_0$ 取 70%，$T_0$ 取 13 ℃。

经对国内外长期暴露试验与实际工程调查的碳化数据进行分析，对式(7-2)中各项系数进行了量化处理：

$$k_C = \frac{57.94}{f_{cuk}} - 0.761 \tag{7-3}$$

$$k_{CO_2} = \sqrt{[CO_2]^0/0.03} \tag{7-4}$$

$$k_e = k_T \times k_{RH} = \sqrt[4]{\frac{T}{T_0}} \times \frac{RH(100 - RH)}{RH_0(100 - RH_0)} \tag{7-5}$$

式中 $[CO_2]^0$——环境中 $CO_2$ 的浓度(%)；

$T$——环境月平均温度，℃；

$RH$——月平均湿度(%)。

因而得到一般环境下混凝土碳化深度平均值的预测模型为

$$\overline{L}(t) = k_{CO_2}\frac{\sqrt[4]{T}(100 - RH)RH}{A}\left(\frac{57.94}{f_{cuk}} - 0.761\right)\sqrt{t} \tag{7-6}$$

式中 $A = \sqrt[4]{T_0} \times (100 - RH_0)RH_0$，将西安地区连续 10 a 的月平均温度与月平均湿度代入得到 $A = 3\ 558.8$[1]。

进一步给出一般环境下混凝土碳化深度的随机预测模型为

$$L(t) = k_{CO_2}k_e\left(\frac{57.94}{F_{cu}}n_c - 0.761\right)\sqrt{t} \tag{7-7}$$

式中 $F_{cu}$——混凝土立方体抗压强度(随机变量)；

[1] 如按文献给出的标准环境(西安室外地区)计算，$RH_0$ 取 70%，$T_0$ 取 13 ℃时，$A$ 应为 3 987.5。

$n_c = \frac{\overline{F}_{cu}}{f_{cuk}}$；

$\overline{F}_{cu}$——混凝土立方体抗压强度平均值；

$f_{cuk}$——混凝土立方体抗压强度标准值。

令 $\delta = \frac{\overline{F}_{cu}}{F_{cu}}$，代入式(7-7)得到

$$L(t) = k_{CO_2}k_e(\frac{57.94}{f_{cuk}}\delta - 0.761)\sqrt{t} \tag{7-8}$$

以 $k_e$ 和 $\delta$ 为自变量对式(7-8)求偏导得到

$$\frac{\partial L(t)}{\partial k_e} = k_{CO_2}(\frac{57.94}{f_{cuk}}\delta - 0.761)\sqrt{t} \tag{7-9}$$

$$\frac{\partial L(t)}{\partial \delta} = k_{CO_2}k_e\frac{57.94}{f_{cuk}}\sqrt{t} \tag{7-10}$$

因此，利用误差传递公式可得到由于 $k_e$ 和 $\delta$ 的变动而对碳化深度造成的影响，即碳化深度的标准差为

$$\sigma_{L(t)} = \sqrt{[\frac{\partial L(t)}{\partial k_e}]^2\sigma_{k_e}^2 + [\frac{\partial L(t)}{\partial \delta}]^2\sigma_\delta^2}$$

$$= k_{CO_2}\sqrt{(\frac{57.94}{f_{cuk}}\delta - 0.761)^2\sigma_{k_e}^2 + \frac{57.94^2}{f_{cuk}^2}k_e^2\sigma_\delta^2}\sqrt{t} \tag{7-11}$$

上述模型的预测精度见表7-4。

## 二、基于碳化机理建立的预测模型

张誉基于碳化机理的分析，研究了影响碳化的因素与理论模型参数之间的定量关系，建立了混凝土碳化深度的预测模型。该模型有三个基本假定：

表 7-4　碳化实测平均值与计算结果的对比

| 序号 | $f_{cuk}$ (MPa) | $t$ (a) | $\bar{L}_{测}$ (mm) | $\bar{L}_{计}$ (mm) | $\varepsilon_{\bar{L}}$ | $\sigma_{L测}$ (mm) | $\sigma_{L计}$ (mm) | $\varepsilon_{\sigma}$ | 地区 |
|---|---|---|---|---|---|---|---|---|---|
| 1 | 18 | 31 | 18.6 | 25.6 | -0.38 | 9.918 | 6.435 | 0.30 | 西安(华西北) |
| 2 | 18 | 33 | 28.8 | 26.4 | 0.08 | 5.394 | 6.639 | -0.23 | 西安(华西北) |
| 3 | 18 | 36 | 17.8 | 14.8 | 0.17 | 8.16 | 3.712 | 0.55 | 马鞍山(华东) |
| 4 | 18 | 26 | 6.3 | 12.0 | -0.92 | 3.003 | 3.025 | -0.01 | 金昌(西北) |
| 5 | 18 | 25 | 9.4 | 22.7 | -1.41 | 3.589 | 5.709 | -0.59 | 三门峡(华北东) |
| 6 | 23 | 6 | 7.8 | 8.1 | -0.04 | 2.853 | 1.939 | 0.32 | 西安(华西北) |
| 7 | 48 | 2 | 2.1 | 3.9 | -0.84 | 1.386 | 1.192 | 0.14 | 太原(华北东) |
| 8 | 14 | 29 | 34.3 | 22.4 | 0.35 | 10.70 | 5.941 | 0.44 | 本溪(东北) |
| 9 | 14 | 29 | 42.9 | 22.4 | 0.48 | 6.90 | 5.941 | 0.14 | 本溪(东北) |
| 10 | 14 | 49 | 62.8 | 29.2 | 0.54 | 14.40 | 7.723 | 0.46 | 本溪(东北) |
| 11 | 38 | 31 | 10.5 | 8.0 | 0.24 | 6.24 | 1.969 | 0.68 | 西安(华西北) |
| 12 | 28 | 28 | 7.4 | 6.6 | 0.10 | 4.10 | 1.556 | 0.62 | 金昌(西北) |
| 13 | 28 | 25 | 9.7 | 12.1 | -0.25 | 4.503 | 2.829 | 0.37 | 三门峡(华北东) |
| 14 | 28 | 24 | 10.9 | 12.9 | -0.19 | 6.268 | 3.027 | 0.52 | 三明(华南) |
| 15 | 28 | 24 | 17.1 | 12.9 | 0.24 | 8.657 | 3.027 | 0.69 | 三明(华南) |

(1) $CO_2$ 在混凝土孔隙中的扩散遵守 Fick 第一扩散定律：

$$N_{CO_2} = D_e^c \frac{d[CO_2]}{dx} \tag{7-12}$$

式中　$N_{CO_2}$——$CO_2$ 的扩散速度，mol/($m^2$ · s)；

$D_e^c$——$CO_2$ 在已碳化混凝土孔隙中的有效扩散系数，$m^2$/s；

[$CO_2$]——$CO_2$ 的浓度，mol/$m^3$；

$x$——混凝土的深度，m。

（2）$CO_2$ 从混凝土表面向混凝土内部扩散，其浓度呈线性降低，见图 7-1。

（3）忽略部分碳化区内混凝土的碳化影响，即假定存在一个碳化界面，界面两侧物质的浓度为常量，如图 7-2 所示。

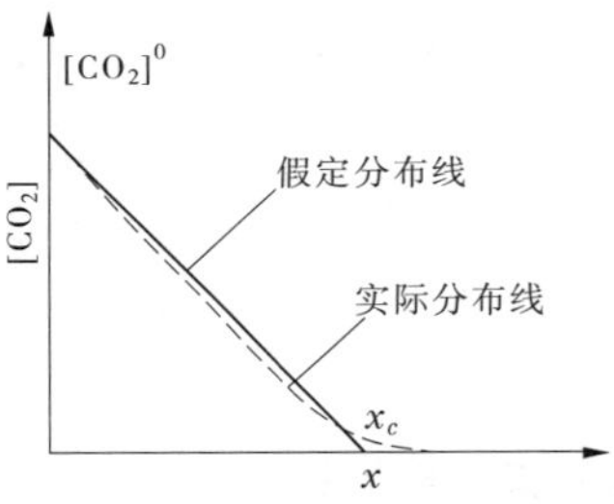


**图 7-1　$CO_2$ 浓度在混凝土中的分布假定**

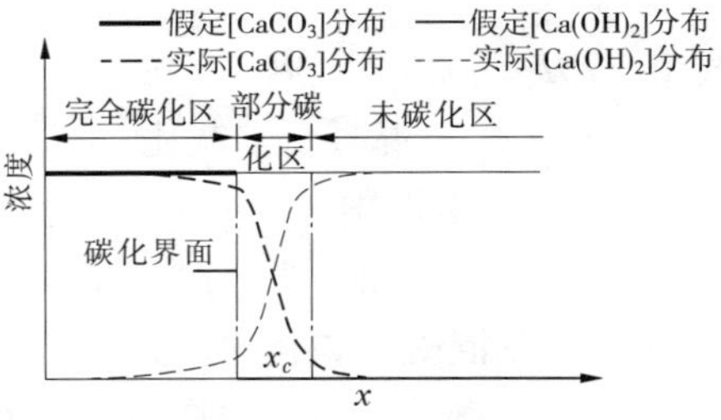


**图 7-2　碳化界面的划分**

根据上述假定，在 d$t$ 时间内由孔隙扩散进入混凝土内部的 $CO_2$ 会被 d$x$ 长度范围内的混凝土中可碳化物质吸收，有式(7-13)成立：

$$m_0 \cdot \mathrm{d}x_c = N_{CO_2}\mathrm{d}t \tag{7-13}$$

式中　$m_0$——单位体积混凝土吸收 $CO_2$ 气体的量。

经推导得到混凝土碳化深度的理论公式：

$$x_c = \sqrt{\frac{2D_e^c[CO_2]^0}{m_0}t} \tag{7-14}$$

式中　$[CO_2]^0$——混凝土表面的摩尔浓度，mol/m$^3$；

$t$——混凝土碳化时间，s；

$x_c$——完全碳化的深度。

经过分析，张誉对式(7-14)中的参数得到了如下量化结果：

$$m_0 = 8.03C \quad (\mathrm{mol/m^3}) \tag{7-15}$$

$$D_e^c = 8 \times 10^{-7}(W/C - 0.34)(1 - RH)^{2.2}(\mathrm{m^2/s}) \quad (7\text{-}16)$$

$$[CO_2]^0 = 40.89v_0(\mathrm{mol/m^3}) \quad (7\text{-}17)$$

将式(7-15)~式(7-17)代入式(7-14),得到实用的碳化深度计算模型:

$$x_c = 839(1 - RH)^{1.1}\sqrt{\frac{(W/C - 0.34)v_0}{C}}\sqrt{t} \quad (\mathrm{mm}) \quad (7\text{-}18)$$

式中 $RH$——相对湿度(%);

$W/C$——混凝土水灰比;

$C$——水泥用量,$\mathrm{kg/m^3}$;

$v_0$——$CO_2$ 的体积分数(%);

$t$——混凝土碳化时间,d。

表 7-5　碳化试验结果与模型计算结果的对比

| 试件号 | $W/C$ | $C$ ($\mathrm{kg/m^3}$) | $RH$ (%) | $t$ (d) | 试验结果 $x$(mm) | 计算结果 $x_c$(mm) | 误差 $(x_c - x)/x$ (%) |
|---|---|---|---|---|---|---|---|
| 1 | 0.5 | 1 203 | 65 | 20 | 9 | 9.6 | 6.7 |
| 2 | 0.5 | 512 | 65 | 20 | 15 | 14.8 | −1.3 |
| 3 | 0.65 | 475 | 65 | 15 | 17 | 18.5 | 8.8 |
| 4 | 0.65 | 350 | 65 | 15 | 20 | 21.5 | 7.5 |
| 5 | 0.65 | 277 | 65 | 15 | 22 | 24.2 | 10.0 |
| 6 | 0.8 | 443 | 65 | 10 | 19 | 19.0 | 0 |
| 7 | 0.65 | 350 | 70 | 5 | 10 | 10.5 | 5.0 |
| 8 | 0.65 | 350 | 55 | 5 | 14 | 16.4* | 17.1 |
| 9 | 0.65 | 350 | 45 | 5 | 13 | 20.5* | 57.7 |
| 10 | 0.65 | 350 | 35 | 5 | 10 | 24.6* | 146 |

**注:**试验所用水泥为普通波特兰水泥,试块经 90 d 水养护,水泥充分水化后放入快速碳化箱,碳化箱内 $CO_2$ 的体积分数 $v_0 = 50\%$。带 * 的计算结果较大,原因是相对湿度较低,超出了模型的计算范围。

表 7-5 为试验结果与计算结果的对比。可以发现,当环境相

对湿度较低(约在55%以下)时,碳化反应受到限制,此时依据碳化机理建立的模型计算结果与实际碳化结果的误差较大。

## 三、多系数预测模型

式(7-19)表达的碳化速度方程中,单一的碳化速度系数是材料因素、施工因素和环境因素的函数,且往往不是一个常数,使用时需要区分具体条件给出相应的数值,应用不是很方便。

$$L = w\sqrt{t} \tag{7-19}$$

式中　$L$——混凝土碳化深度,mm;

$w$——碳化速度系数;

$t$——碳化龄期,d。

为此,龚洛书将式(7-19)细化成多系数表达的碳化方程(7-20)。它主要反映水泥用量、水灰比、粉煤灰取代水泥量、水泥品种、骨料品种、养护方法等因素对混凝土碳化的影响。

$$L = \eta_1\eta_2\eta_3\eta_4\eta_5\eta_6 w\sqrt{t} \tag{7-20}$$

式中　$L$——混凝土碳化深度,mm;

$\eta_1$——水泥用量影响系数;

$\eta_2$——水灰比影响系数;

$\eta_3$——粉煤灰取代量影响系数;

$\eta_4$——水泥品种影响系数;

$\eta_5$——骨料品种影响系数;

$\eta_6$——养护方法影响系数;

$w$——碳化速度系数。

影响系数的取值见表7-6,其中水泥用量、水灰比及粉煤灰取代水泥量影响系数还可按经验公式(7-21)~式(7-23)给出。这些影响系数取值是按照普通混凝土基本试验方法(国标)中混凝土快速碳化试验方法确定的,因此应用这些系数代入式(7-20)计算的碳化深度为国标条件下快速碳化试验的碳化深度。

表 7-6　混凝土碳化影响系数

| 系数名称 | 符号 | 条件 | 相应指标 | | | | | |
|---|---|---|---|---|---|---|---|---|
| 水泥用量影响系数 | $\eta_1$ | 水泥用量 $C$(kg/m$^3$) | 250 | 300 | 350 | 400 | 500 | |
| | | 轻骨料混凝土 | 1.35 | 1 | 0.85 | 0.75 | 0.65 | |
| | | 普通混凝土 | 1.40 | 1 | 0.90 | 0.80 | 0.70 | |
| 水灰比影响系数 | $\eta_2$ | 水灰比 $W/C$ | 0.4 | 0.5 | 0.6 | 0.7 | | |
| | | 轻骨料混凝土 | 0.85 | 1 | 1.30 | 1.45 | | |
| | | 普通混凝土 | 0.70 | 1 | 1.40 | 1.90 | | |
| 粉煤灰取代量影响系数 | $\eta_3$ | 粉煤灰取代量 $F$(%) | 0 | 10 | 20 | 30 | | |
| | | 轻骨料混凝土 | 1 | 1.20 | 1.30 | 1.50 | | |
| | | 普通混凝土 | 1 | 1.30 | 1.50 | 2.00 | | |
| 水泥品种影响系数 | $\eta_4$ | 水泥品种 | 普硅 425 号 | 矿渣(火山灰) 425 号 | | 矿渣 325 号 | | |
| | | 轻骨料混凝土 | 1 | 1.20 | | 1.25 | | |
| | | 普通混凝土 | 1 | 1.35 | | 1.50 | | |
| 骨料品种影响系数 | $\eta_5$ | 骨料品种 | 粗骨料 | | | 细骨料 | | |
| | | | 天然轻骨料 | 人造轻骨料 | 普通骨料 | 普通砂 | 破碎轻砂 | 珍珠岩砂 |
| | | 轻骨料混凝土 | 1 | 0.6 | — | 1 | 1.4 | 2.0 |
| | | 普通混凝土 | — | — | 1 | 1 | — | — |
| 养护方式影响系数 | $\eta_6$ | 养护方式 | 标准养护 | | | 蒸汽养护 | | |
| | | 轻骨料混凝土 | 1 | | | 1.50 | | |
| | | 普通混凝土 | 1 | | | 1.85 | | |
| 碳化速度系数 | $w$ | 轻骨料混凝土 | 4.18 | | | | | |
| | | 普通混凝土 | 2.32 | | | | | |

$$\eta_1 = \begin{cases} 582C^{-1.107} & \text{轻骨料混凝土} \\ 253C^{-0.954} & \text{普通混凝土} \end{cases} \tag{7-21}$$

$$\eta_2 = \begin{cases} 0.017 + 2.06\left(\dfrac{W}{C}\right) & \text{轻骨料混凝土} \\ 4.15\left(\dfrac{W}{C}\right) - 1.02 & \text{普通混凝土} \end{cases} \tag{7-22}$$

$$\eta_3 = \begin{cases} 1.006 + 0.017F & \text{轻骨料混凝土} \\ 0.968 + 0.032F & \text{普通混凝土} \end{cases} \tag{7-23}$$

由于快速碳化与自然碳化的差别在于周围环境中二氧化碳浓度的不同，因此当用上述混凝土快速碳化试验预测长期自然碳化深度时需要做一些调整。国内外的试验资料表明，混凝土碳化深度与周围环境二氧化碳浓度的平方根成正比，可表示为

$$L = w\sqrt{t[CO_2]^0} \tag{7-24}$$

因此，长期自然碳化时的碳化深度为

$$L_2 = L_1\sqrt{\frac{t_2[CO_2]_2^0}{t_1[CO_2]_1^0}} \tag{7-25}$$

式中　$L_1$——快速碳化试验时的混凝土碳化深度，mm；

$t_1$——混凝土快速碳化的龄期，d；

$[CO_2]_1^0$——快速碳化时 $CO_2$ 的浓度，$[CO_2]_1^0 = 0.20$；

$L_2$——预测的混凝土自然碳化深度，mm；

$t_2$——自然碳化的时间，a；

$[CO_2]_2^0$——预测对象环境的 $CO_2$ 平均浓度，在正常大气中 $[CO_2]_2^0$ 取 0.000 3。

这里应注意，快速碳化试验时碳化时间 $t$ 的单位为 d，而用来预测自然碳化的时间单位为 a，即 $t_1 = t/365$。

**【例 7-1】**　某室外一般钢筋混凝土现浇工程，混凝土标号为 200 号，使用 325 号矿渣水泥，粗细骨料为普通卵石、中砂，不掺粉煤灰，自然养护（按标准养护考虑）。经混凝土配合比设计求得水

泥用量 300 $kg/m^3$,水灰比 0.65,试预测此种混凝土在标准快速碳化试验时 28 d 的碳化深度。

**解**:按已知条件查表 7-6 得

$\eta_1 = 1;\eta_3 = 1;\eta_4 = 1.5;\eta_5 = 1;\eta_6 = 1;w = 2.32;t = 28$

$\eta_2$ 按公式(7-22)计算得到

$$\eta_2 = 4.15 \times 0.65 - 1.02 = 1.68$$

将上述系数代入式(7-20)得到

$$L = 1 \times 1.68 \times 1 \times 1.5 \times 1 \times 1 \times 2.32 \times \sqrt{28} = 30.93(\mathrm{mm})$$

则此种混凝土在标准快速碳化试验时 28 d 的碳化深度为 30.93 mm。

【例 7-2】 设某处于水位变化的海上工程采用 300 号轻骨料混凝土,用 425 号矿渣水泥和粉煤灰陶粒、普通砂配制而成,水泥用量为 400 $kg/m^3$,水灰比为 0.6,粉煤灰取代水泥量为 10%,采用自然养护,试预测该工程 50 a 时的碳化深度。

**解**:首先利用多系数碳化方程求出混凝土快速碳化的深度 $L_1$。当水泥用量 $C = 400 - 40 = 360(kg/m^3)$ 时,$\eta_1 = 0.83$;$W/C = 0.6$时,$\eta_2 = 1.3$;粉煤灰取代水泥量为 10% 时,$\eta_3 = 1.2$;并相应取 $\eta_4 = 1.2;\eta_5 = 0.6;\eta_6 = 1.0;w = 4.18;t = 28$,因此得

$$L_1 = 0.83 \times 1.3 \times 1.2 \times 1.2 \times 0.6 \times 1 \times 4.18 \times \sqrt{28} = 20.6(\mathrm{mm})$$

代入式(7-25)得到

$$L_2 = 20.6 \times \sqrt{\frac{50 \times 0.000\,3}{\frac{28}{365} \times 0.2}} = 20.37(\mathrm{mm})$$

因此,该工程 50 a 时的碳化深度为 20.37 mm。

# 第三节　随机时间序列预报模型

我们知道,影响混凝土碳化的因素包括三个方面,即材料因素、施工因素及环境因素。如果进一步细分,这三个因素又可分为水泥品种、水泥用量、水灰比、掺合料、施工手段、养护方法、环境温度和湿度以及有害气体的成分、浓度等众多子因素。现实环境中,多种子因素都处于变化之中,因此试图采用多元回归的方法给出完善、统一的碳化深度预报模型难度较大。作者研究发现,将碳化速度系数作为一个随机过程,并对其采样得到的时间序列进行分析,可以较好地对混凝土碳化深度进行预报。

## 一、碳化速度系数的时间序列分析

### (一)碳化速度系数的随机过程特性

混凝土是水、水泥、砂及石子混合而成的水硬性材料,是一种非均质体。如果是钢筋混凝土结构,由于钢筋数量及位置的影响,会进一步加剧这种不均匀性。再考虑到施工方面的影响,情况就更复杂了,即使不包括由于施工失误造成的混凝土质量缺陷,而仅在正常施工范围内,混凝土质量的波动就已相当严重,表现为混凝土的密实性和强度的分布不均匀。然而,由于混凝土密实性和强度又是影响混凝土碳化深度的两个主要因素,因此混凝土碳化深度也必然具有不均匀性,是一个随机变量,且服从正态分布。如果在不同时刻考察,虽然每一个时刻混凝土碳化深度都服从正态分布,但是其分布参数却是变化的,表明混凝土碳化深度又是时间的函数。因此,混凝土碳化深度是一个随机过程。相应的碳化速度系数由碳化深度计算而来,因此碳化速度系数也必然是一个随机过程,$w = M(e,t)$,($e \in \Omega$、$t \in T$),$\Omega$是概率空间,$-\infty < T < +\infty$。

### (二)时间序列建模的基本理论

采用时间序列的方法对碳化速度系数进行预报，首先必需获得 $t_i = t_0 + i\Delta (i=1,2,\cdots)$ 时刻碳化速度系数的采样值 $w_i = w(t_0 + i\Delta)(i=1,2,\cdots)$。式中，$\Delta$ 是采样间隔，$t_0$ 是采样开始的时间。当 $w_i$ 是平稳时间序列时，有三种线性模型可供选择：

(1)可逆滑动平均模型 $MA(q)$：

$$W_i = \theta(\beta)\varepsilon_i \tag{7-26}$$

即
$$W_i = \varepsilon_i - \theta_1\varepsilon_{i-1} - \cdots - \theta_q\varepsilon_{i-q}$$

(2)平稳自回归模型 $AR(p)$：

$$\varphi(\beta)W_i = \varepsilon_i \tag{7-27}$$

即
$$W_i - \varphi_1 W_{i-1} - \cdots - \varphi_p W_{i-p} = \varepsilon_i$$

(3)平稳自回归-可逆滑动混合模型 $ARMA(p,q)$

$$\varphi(\beta)W_i = \theta(\beta)\varepsilon_i \tag{7-28}$$

即
$$W_i - \varphi_1 W_{i-1} - \cdots - \varphi_p W_{i-p} = \varepsilon_i - \theta_1\varepsilon_{i-1} - \cdots - \theta_q\varepsilon_{i-q}$$

式中　$\varphi(\beta) = 1 - \varphi_1\beta - \cdots - \varphi_p\beta^p$；

$\theta(\beta) = 1 - \theta_1\beta - \cdots - \theta_q\beta^q$；

$W_i$——零均值的平稳时间序列，$W_i = w_i - \mu$；

$Ew_i = \mu$(常数)；

$\varepsilon_i$——白噪声序列：

$$E\varepsilon_i = 0$$

$$E(\varepsilon_j\varepsilon_i) = \begin{cases}\sigma_\varepsilon^2, i = j\\ 0, i \neq j\end{cases}$$

当 $j > i$ 时，$\varepsilon_j$ 与 $W_i$ 不相关，即

$$E(\varepsilon_j W_i) = 0 \quad (j > i)$$

$\beta$ 为延迟算子，即

$$\beta^k W_i = W_{i-k}$$

如果 $w_i$ 不是平稳时间序列，则可以进行 $d$ 阶差分，当差分

$\nabla^d w_i$ 是平稳序列时,仍然有上述三种线性模型可供选择,其中$\nabla^d$如下:

$$\nabla^d = (1-\beta)^d = 1 - C_d^1\beta + C_d^2\beta^2 + \cdots + (-1)^j C_d^j \beta^j + \cdots + (-1)^d \beta^d$$

## 二、碳化深度预报模型建立分析

目前,由于各种条件下长系列混凝土碳化试验数据比较缺乏,因此建立完善的时间序列模型还有一定困难。本文给出实例资料算例,意在说明建立碳化速度系数时间序列预报模型的方法,及给出实例情况下的预报模型。算例中,混凝土水灰比 $W/C = 0.40$, 0.45,0.50,0.55,0.60,0.65,碳化观测时间 30 a(见图 7-5)。

### (一)模型确定

首先,假定混凝土碳化速度系数符合平稳时间序列。此时,自相关 $\rho_k$ 函数的估计取式(7-29):

$$\hat{\rho}_k = \frac{\hat{\gamma}_k}{\hat{\gamma}_0} \quad (k = 0,1,2,\cdots,M) \tag{7-29}$$

式中, $\hat{\gamma}_k = \frac{1}{N}\sum_{i=1}^{N-k} W_i W_{i+k} \quad (k = 0,1,2,\cdots,M)$; $W_i = w_i - \bar{w}$; $\bar{w} = \frac{1}{N}\sum_{i=1}^{N} w_i$; $M \leqslant \frac{N}{4}$。

偏相关函数 $a_{kk}$的估计由式(7-30)确定:

$$\begin{pmatrix} \hat{a}_{k1} \\ \hat{a}_{k2} \\ \vdots \\ \hat{a}_{kk} \end{pmatrix} = \begin{pmatrix} 1 & \hat{\rho}_1 & \cdots & \hat{\rho}_{k-1} \\ \hat{\rho}_1 & 1 & \cdots & \hat{\rho}_{k-2} \\ \vdots & \vdots & & \vdots \\ \hat{\rho}_{k-1} & \hat{\rho}_{k-2} & \cdots & 1 \end{pmatrix}^{-1} \begin{pmatrix} \hat{\rho}_1 \\ \hat{\rho}_2 \\ \vdots \\ \hat{\rho}_k \end{pmatrix} \tag{7-30}$$

同时,对碳化速度系数序列进行 1 阶差分,将$\nabla w_i$ 替代 $w_i$ 代入式(7-29)、式(7-30),也计算出碳化速度系数 1 阶差分序列的$\hat{\rho}_k$ 和 $\hat{a}_{kk}$。

一般来讲,式(7-29)中的 $W_i$ 也是正态平稳零均值时间序列。

如果它们是一个 $MA(q)$ 序列，那么自相关函数的估计值 $\hat{\rho}_k$ 是渐近正态的，即当 $N$ 充分大时，$\hat{\rho}_k \sim N(0, \frac{1}{N}(1+2\sum_{i=1}^{q}\hat{\rho}_i^2))$，由自相关函数性质 $|\rho_i| \leqslant \rho_0 = 1$，所以在 $q$ 不大而 $N$ 较大时，$\hat{\rho}_k$ 渐近于正态 $N(0, (\frac{1}{\sqrt{N}})^2)$。同样，如果它们是一个 $AR(p)$ 序列，那么当 $N$ 较大时，偏相关函数的估计值 $\hat{a}_{kk}$ 也渐近于正态分布 $N(0, (\frac{1}{\sqrt{N}})^2)$。则 $\hat{\rho}_k$ 和 $\hat{a}_{kk}$ 应以 0.955 的概率落在区间 $(-\frac{2}{\sqrt{N}}, \frac{2}{\sqrt{N}})$ 之内。所以，在计算出自相关函数值 $\hat{\rho}_1, \hat{\rho}_2, \cdots, \hat{\rho}_M$ 和偏相关函数值 $\hat{a}_{11}, \hat{a}_{22}, \cdots, \hat{a}_{MM}$ 之后，对确定的 $q>0$ 或 $p>0$，可以观察 $\hat{\rho}_{q+1}, \hat{\rho}_{q+2}, \cdots, \hat{\rho}_M$ 或 $\hat{a}_{p+1\,p+1}, \hat{a}_{p+2\,p+2}, \cdots, \hat{a}_{MM}$，看它们落入 $(-\frac{2}{\sqrt{N}}, \frac{2}{\sqrt{N}})$ 区间内的频率是否接近于 0.955。在实际工作中，$q$ 或 $p$ 并没有选定，我们可以对 $q$ 或 $p$ 从小到大逐个进行检查，第一个能满足上述条件的 $q$ 或 $p$，就认为自相关函数 $\hat{\rho}_k$ 在 $\hat{\rho}_q$ 以后或偏相关函数 $\hat{a}_{kk}$ 在 $\hat{a}_{pp}$ 以后"截尾"，$q$ 或 $p$ 就可以作为 $MA$、$AR$ 模型的阶数。由上述分析方法得到的计算结果列于表 7-7。

当 $W/C=0.40, 0.45$ 时，由于混凝土密实度较大，混凝土碳化速度系数较小且比较均匀，因此其 $w_i$ 和 $\nabla w_i$ 序列比较平缓，式(7-28)退化为 $W_i=\varepsilon_i$。当 $W/C \geqslant 0.50$ 时，混凝土密实度较小，混凝土碳化速度系数较大，变化较快，$w_i$ 序列识别为 $AR(1)$（见图 7-3、图 7-4）或 $ARMA(1,1)$ 模型。当 $W/C=0.65$ 时，混凝土密实度更小，混凝土碳化速度系数更大，变化更快，所以 1 阶差分 $\nabla w_i$ 序列识别为 $ARIMA(1,1,0)$ 模型。为统一计算模式，当水灰比 $W/C \in [0.40, 0.65]$ 时，假定混凝土碳化速度系数的 1 阶差分 $\nabla w_i$ 序列为 $ARIMA(1,1,0)$ 模型，即

**表 7-7　混凝土碳化速度系数序列及其 1 阶差分序列模型**

| $W/C$ | $C$ (kg/m³) | 0 阶差分 | | | 1 阶差分 | | |
|---|---|---|---|---|---|---|---|
| | | $N=26$ | | 模型识别 | $N=25$ | | 模型识别 |
| 0.40 | 450 | $\lvert\hat{p}_1\rvert<\frac{2}{\sqrt{N}}$ | $\lvert\hat{a}_{11}\rvert<\frac{2}{\sqrt{N}}$ | — | $\lvert\hat{\rho}_1\rvert<\frac{2}{\sqrt{N}}$ | $\lvert\hat{a}_{11}\rvert<\frac{2}{\sqrt{N}}$ | — |
| 0.45 | 400 | $\lvert\hat{p}_1\rvert<\frac{2}{\sqrt{N}}$ | $\lvert\hat{a}_{11}\rvert<\frac{2}{\sqrt{N}}$ | — | $\lvert\hat{p}_1\rvert<\frac{2}{\sqrt{N}}$ | $\lvert\hat{a}_{11}\rvert<\frac{2}{\sqrt{N}}$ | — |
| 0.50 | 350 | $\hat{\rho}_k$“拖尾” | $\lvert\hat{a}_{22}\rvert<\frac{2}{\sqrt{N}}$ | $AR(1)$ | $\lvert\hat{p}_1\rvert<\frac{2}{\sqrt{N}}$ | $\lvert\hat{a}_{11}\rvert<\frac{2}{\sqrt{N}}$ | — |
| 0.55 | 325 | $\hat{\rho}_k$“拖尾” | $\hat{a}_{kk}$“拖尾” | $ARMA$(1,1) | $\lvert\hat{\rho}_1\rvert<\frac{2}{\sqrt{N}}$ | $\lvert\hat{a}_{11}\rvert<\frac{2}{\sqrt{N}}$ | — |
| 0.60 | 300 | $\hat{\rho}_k$“拖尾” | $\lvert\hat{a}_{22}\rvert<\frac{2}{\sqrt{N}}$ | $AR(1)$ | $\lvert\hat{\rho}_1\rvert<\frac{2}{\sqrt{N}}$ | $\lvert\hat{a}_{11}\rvert<\frac{2}{\sqrt{N}}$ | — |
| 0.65 | 275 | $\hat{\rho}_k$“拖尾” | $\lvert\hat{a}_{22}\rvert<\frac{2}{\sqrt{N}}$ | $AR(1)$ | $\hat{\rho}_k$“拖尾” | $\lvert\hat{a}_{22}\rvert<\frac{2}{\sqrt{N}}$ | $ARIMA$(1,1,0) |

$$(1-\varphi_1\beta)\nabla W_i=\varepsilon_i \tag{7-31}$$

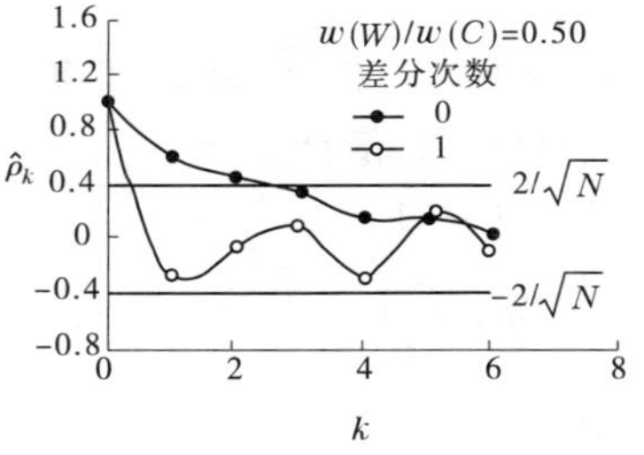


图 7-3　混凝土碳化速度系数序列 $w_i$ 和 1 阶差分序列 $\nabla w_i$ 的自相关函数 $\hat{\rho}_k$

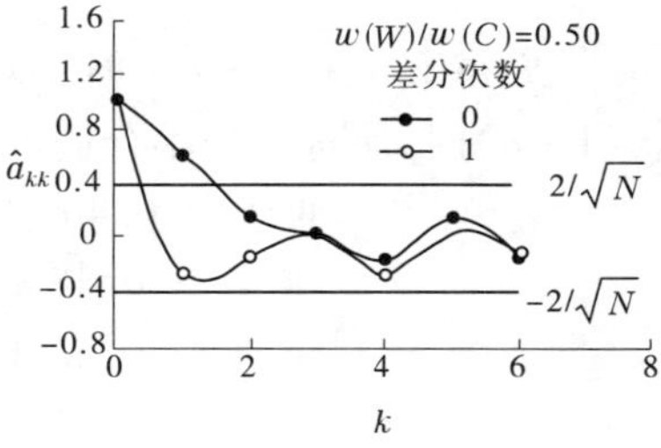


图 7-4　混凝土碳化速度系数序列 $w_i$ 和 1 阶差分序列 $\nabla w_i$ 的偏相关函数 $\hat{a}_{kk}$

由 Yule - Walker 方程式(7-32)估计出 $\varphi_1$：

$$\begin{pmatrix}\hat{\varphi}_1\\ \hat{\varphi}_2\\ \vdots\\ \hat{\varphi}_p\end{pmatrix}=\begin{pmatrix}1 & \hat{\rho}_1 & \cdots & \hat{\rho}_{p-1}\\ \hat{\rho}_1 & 1 & \cdots & \hat{\rho}_{p-2}\\ \vdots & \vdots & & \vdots\\ \hat{\rho}_{p-1} & \hat{\rho}_{p-2} & \cdots & 1\end{pmatrix}^{-1}\begin{pmatrix}\hat{\rho}_1\\ \hat{\rho}_2\\ \vdots\\ \hat{\rho}_p\end{pmatrix} \tag{7-32}$$

由式(7-33)估计出 $\sigma_\varepsilon^2$：

$$\hat{\sigma}_\varepsilon^2 = \hat{\gamma}_0\left(1 - \sum_{j=1}^{p}\hat{\varphi}_j\hat{\rho}_j\right) \tag{7-33}$$

式中，$\hat{\rho}_j(j=1,2,\cdots,p)$由式(7-29)给出，且 $w_i$ 由$\nabla w_i$ 替代。

**(二)模型考核与均值精度检验**

由 $$\hat{\varepsilon}_i = \nabla W_i - \hat{\varphi}_1 \nabla W_{i-1}(i = 1,2,\cdots,N) \tag{7-34}$$

求出白噪声序列，则

$$\Psi = N\sum_{k=1}^{M}[\hat{\rho}_k(\varepsilon)]^2 \sim \chi^2(M) \tag{7-35}$$

式中 $\hat{\rho}_k(\varepsilon) = \dfrac{\hat{\gamma}_k(\varepsilon)}{\hat{\gamma}_0(\varepsilon)}\quad(k = 1,2,\cdots,M,M \leqslant \dfrac{N}{4})$

$$\hat{\gamma}_k(\varepsilon) = \frac{1}{N}\sum_{j=1}^{N-k}\hat{\varepsilon}_j\hat{\varepsilon}_{j+k}\quad(k = 0,1,2,\cdots,M,M \leqslant \frac{N}{4})$$

当 $\Psi \leqslant \chi^2_{(M)}(1 - a)$ 时，所选模型合适；反之，当 $\Psi \geqslant \chi^2_{(M)}(1-a)$时，所选模型不合适。此算例中 $\Psi$ 值计算如下：

$W/C = 0.40$ 时，$\Psi = 10.81$；

$W/C = 0.45$ 时，$\Psi = 4.58$；

$W/C = 0.50$ 时，$\Psi = 2.25$；

$W/C = 0.55$ 时，$\Psi = 8.54$；

$W/C = 0.60$ 时，$\Psi = 6.16$；

$W/C = 0.65$ 时，$\Psi = 2.54$。

由 $\chi^2_{(M)}(1 - a) = \chi^2_{(6)}(0.95) = 12.592$，可以判断当 $W/C \in [0.40,0.65]$时，混凝土碳化速度系数 1 阶差分$\nabla w_i$ 序列选择

$ARIMA(1,1,0)$模型是合适的。

另外,还须对模型均值的精度进行检验。比较式(7-28)和式(7-29)可知,取$\overline{\nabla w}$替代$\mu$,如果$\overline{\nabla w}$估计$\mu$的精度较低,那么所得出的各种结论的精确性就比较差。

一般情况下,$\nabla w_i$是正态序列,那么$\overline{\nabla w}$也是正态的,且

$$\overline{\nabla w} = \frac{1}{N}\sum_{i=1}^{N} \nabla w_i \sim N(\mu, L\overline{\nabla w}) \tag{7-36}$$

式中,当$N$充分大时

$$L\overline{\nabla w} \approx \frac{1}{N}\sum_{k=-\infty}^{+\infty} \hat{\gamma}_k = \frac{\hat{\gamma}_0}{N}\sum_{k=-\infty}^{+\infty} \hat{\rho}_k \tag{7-37}$$

于是有

$$p(|\overline{\nabla w} - \mu|) < u_{1-\frac{a}{2}}\sqrt{L\overline{\nabla w}}) = 1 - a \tag{7-38}$$

当希望用$\overline{\nabla w}$估计$\mu$的精度能达到

$$p(|\overline{\nabla w} - \mu| < \xi) = 1 - a \text{时}$$

需
$$u_{1-\frac{a}{2}}\sqrt{L\overline{\nabla w}} \leqslant \xi \tag{7-39}$$

由于$\nabla w_i$序列符合$ARIMA(1,1,0)$模型,因此可求得

$$L\overline{\nabla w} = \frac{\hat{\gamma}_0}{N}\frac{1+\hat{\varphi}_1}{1-\hat{\varphi}_1} \tag{7-40}$$

由表7-8可见,用$\overline{\nabla w}$对$\mu$的估计,精度非常高,以0.95的概率保证二者之差最大不超过0.64%。

## 三、混凝土碳化深度预报

混凝土碳化速度系数1阶差分序列的$ARIMA(1,1,0)$模型预报函数为

$$\hat{w}_i(\hat{t}) = \frac{1-\hat{\varphi}_1^{\hat{t}+1}}{1-\hat{\varphi}_1}w_i - \frac{\hat{\varphi}_1(1-\hat{\varphi}_1^{\hat{t}})}{1-\hat{\varphi}_1}w_{i-1} \quad (i = 1,2,\cdots,N) \tag{7-41}$$

表 7-8　模型均值精度检验计算

| $W/C$ | $\hat{\gamma}_0(10^{-4})$ | $\hat{\varphi}_1$ | $N$ | $L\overline{\nabla w}(10^{-6})$ | $\xi(10^{-3})$ |
|---|---|---|---|---|---|
| 0.40 | 3.61 | -0.292 0 | 25 | 7.91 | 5.51 |
| 0.45 | 3.00 | -0.398 6 | 25 | 5.16 | 4.45 |
| 0.50 | 1.92 | -0.275 1 | 25 | 4.36 | 4.10 |
| 0.55 | 1.28 | -0.007 5 | 25 | 5.04 | 4.40 |
| 0.60 | 1.87 | -0.173 1 | 25 | 5.27 | 4.50 |
| 0.65 | 6.59 | -0.435 2 | 25 | 10.37 | 6.31 |

碳化深度预报函数为

$$\hat{L}_i(\hat{t}) = \hat{w}_i(\hat{t})\sqrt{t} \quad (i = 1,2,\cdots,N) \tag{7-42}$$

式中　$t$——$t = i + \hat{t}$, a;

$\hat{\varphi}_1$——取值见表 7-8;

$w_i$——第 $i$ 年的混凝土碳化速度系数实测值,mm/a;

$\hat{w}_i(\hat{t})$——$i$ 年以后,第 $\hat{t}$ 年的混凝土碳化速度系数预报值,mm/a;

$\hat{L}_i(\hat{t})$——$i$ 年以后,第 $\hat{t}$ 年的混凝土碳化深度预报值,mm。

采用式(7-42)对实例中六种不同水灰比混凝土的碳化深度进行了预报(见图 7-5),预报长度为 10 a,"●"为碳化深度实测值,其余为预报值。在 15 ~ 30 a,碳化深度实测值和预报值相当吻合,当大于 30 a 时,预报值的变化发展趋势合理。表明预报函数式(7-42)具有较高的精度与准确性。

混凝土碳化深度与时间是一种单调递增的函数关系,这种性质对预报分析带来一定困难。当对碳化速度系数序列不差分,直接建立 $AR(1)$ 模型时,虽然预报模型简单,但是不能保证预报值的单调递增性,而建立 $ARMA(1,1)$ 模型又比较复杂,不便于应用。

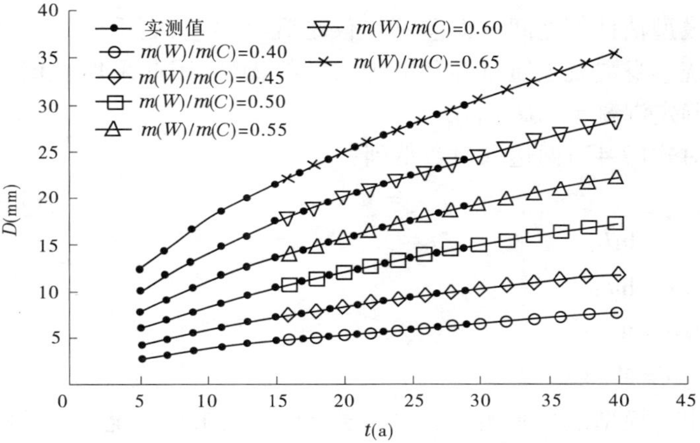


图 7-5 碳化深度实测值与预报值

最后选择的 *ARIMA*(1,1,0)模型，不但能保证预报值的单调递增性，而且精度高，形式简单，特别是适用范围广，对工程上经常用到的不同水灰比的混凝土都能适用。

# 第四节 基于模糊理论的预测模型

## 一、碳化方程的模糊性

为了更具一般性，混凝土碳化深度可表达为式(7-43)：

$$L = w \cdot t^{\lambda} \tag{7-43}$$

式中 $L$——混凝土碳化深度；

$t$——混凝土碳化时间；

$w$——混凝土碳化速度系数；

$\lambda$——碳化指数。

传统方法是将实测数据与模型估计值之间的误差看做是观测

误差,应用最小二乘法原理来确定 $w$ 和 $\lambda$。而李清富认为,实测数据与模型估计值之间的误差不仅仅是观测误差,更重要的是来源于系统本身混凝土质量和环境因素的模糊性,因此采用模糊回归方法确定混凝土的碳化方程。

对式(7-43)两边取对数得到:

$$y = a + bx \tag{7-44}$$

式中　$y = \ln L$;

$x = \ln t$;

$a = \ln w$;

$b = \lambda$

由于模型值与实测值之间的误差可看做来自系统本身的模糊性,因此 $w$、$\lambda$ 和 $y$ 均可视为模糊数,从而 $a$、$b$ 也均为模糊数,式(7-44)可改写为

$$\tilde{y} = \tilde{a} + \tilde{b}x \tag{7-45}$$

式中,"~"表示该量为模糊量。

这样混凝土的碳化规律就可通过对式(7-45)的模糊回归分析得到。$\tilde{y}$、$\tilde{a}$、$\tilde{b}$ 的隶属函数可取为图 7-6 的三角型,简记为 $\widetilde{U} = [U_0 - \Theta_M, U_0 + \Theta_R]$,其中 $U_0$ 表示中心值,$\Theta_M$、$\Theta_R$ 表示左右幅度。

## 二、模糊碳化方程的建立

假定有一组实测的$(x_i, y_i)(i = 1, 2, \cdots, n)$,$\tilde{y}_i^*$ 为 $x = x_i$ 时的回归估计值,$\hat{a}$、$\hat{b}$ 分别为 $\tilde{a}$、$\tilde{b}$ 的中心值,记为 $\tilde{a} = [\hat{a} - \xi_M, \hat{a} + \xi_R]$、$\tilde{b} = [\hat{b} - \eta_M, \hat{b} + \eta_R]$、$\tilde{y}_i = [y_i - \varepsilon_{Mi}, y_i + \varepsilon_{Ri}]$,由式(7-45)可得

$$\tilde{y}_i^* = \tilde{a} + \tilde{b}x_i = [\hat{a} - \xi_M, \hat{a} + \xi_R] + [\hat{b} - \eta_M, \hat{b} + \eta_R]x_i \tag{7-46}$$

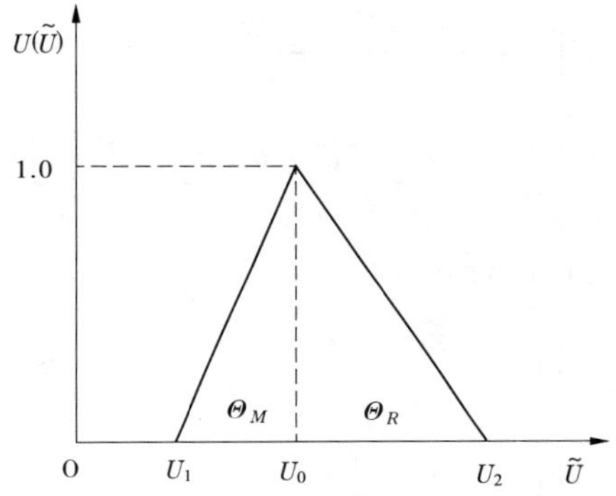


图 7-6　三角型隶属函数

由模糊数运算规则可得

$$
\tilde{y}_i^* = \begin{cases} [\hat{a} + \hat{b}x_i - (\xi_M + \eta_M x_i), \hat{a} + \hat{b}x_i + (\xi_R + \eta_R x_i)] & (x_i \geqslant 0) \\ [\hat{a} + \hat{b}x_i - (\xi_M + \eta_R \mid x_i \mid), \hat{a} + \hat{b}x_i + (\xi_R + \eta_M \mid x_i \mid)] & (x_i < 0) \end{cases} \tag{7-47}
$$

式中各符号的意义见图 7-7。

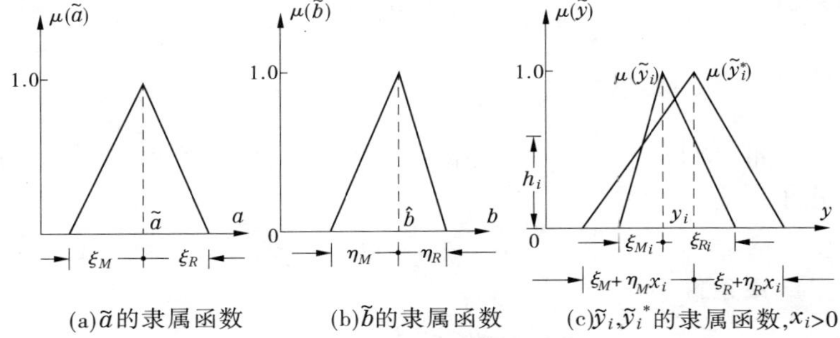


图 7-7　各模糊量的隶属函数

由图 7-7(c)可以得到计算满意度水平的公式为

$$h_i = \begin{cases} 1 - \dfrac{|y_i - (\hat{a} + \hat{b}x_i)|}{\xi_M + \eta_M x_i - \varepsilon_{Mi}} & (x_i \geq 0) \\ 1 - \dfrac{|y_i - (\hat{a} + \hat{b}x_i)|}{\xi_M + \eta_R |x_i| - \varepsilon_{Mi}} & (x_i < 0) \end{cases} \tag{7-48}$$

换 $y_i$ 与 $y_i^*$ 的位置,同样可得到

$$h_i = \begin{cases} 1 - \dfrac{|y_i - (\hat{a} + \hat{b}x_i)|}{\xi_R + \eta_R x_i - \varepsilon_{Ri}} & (x_i \geq 0) \\ 1 - \dfrac{|y_i - (\hat{a} + \hat{b}x_i)|}{\xi_R + \eta_M |x_i| - \varepsilon_{Ri}} & (x_i < 0) \end{cases} \tag{7-49}$$

如果给定一个期望的满意度水平 $\beta$,那么 $\hat{a}$、$\hat{b}$ 的中心值及幅度可通过下面的线性规划问题求得

$$f_{\min} = \xi_M + \xi_R + \eta_M + \eta_R \tag{7-50}$$

约束条件为

$$\left.\begin{aligned} h_i &\geq \beta \\ \xi_M &\geq 0 \\ \eta_M &\geq 0 \\ \xi_R &\geq 0 \\ \eta_R &\geq 0 \end{aligned}\right\} \tag{7-51}$$

通常可假定 $\xi_M = \xi_R = \xi$,$\eta_M = \eta_R = \eta$,$\varepsilon_{Mi} = \varepsilon_{Ri} = \varepsilon_i$,则上面两个式子可简化为

$$f_{\min} = \xi + \eta \tag{7-52}$$

约束条件为

$$\left.\begin{aligned} h_i &\geq \beta \\ \xi &\geq 0 \\ \eta &\geq 0 \end{aligned}\right\} \tag{7-53}$$

这里 $$h_i = 1 - \frac{|y_i - (\hat{a} + \hat{b}x_i)|}{\xi + \eta|x_i| - \varepsilon_i} \tag{7-54}$$

代入式(7-52)得到

$$\left.\begin{array}{l} \hat{a} + \hat{b}x_i + (1-\beta)(\xi + \eta|x_i|) \geqslant y_i + (1-\beta)\varepsilon_i \\ -(\hat{a} + \hat{b}x_i) + (1-\beta)(\xi + \eta|x_i|) \geqslant -y_i + (1-\beta)\varepsilon_i \\ \xi \geqslant 0 \\ \eta \geqslant 0 \\ (i = 1, 2, \cdots, n) \end{array}\right\} \tag{7-55}$$

求解上述线性规划问题,找出与最大的 $\beta$ 对应的一组解 $\hat{a}$、$\hat{b}$、$\xi$、$\eta$ 即为该问题的最优解,从而有

$$\ln \widetilde{L} = [\hat{a} - \xi, \hat{a} + \xi] + [\hat{b} - \eta, \hat{b} + \eta]\ln t \tag{7-56}$$

模糊碳化深度 $\widetilde{L}$ 随时间 $t$ 的变化规律见图 7-8。其中,对于任意时刻 $t_k$,混凝土碳化深度 $\widetilde{L}_k$ 的隶属函数可按式(7-57)求得(见图 7-9):

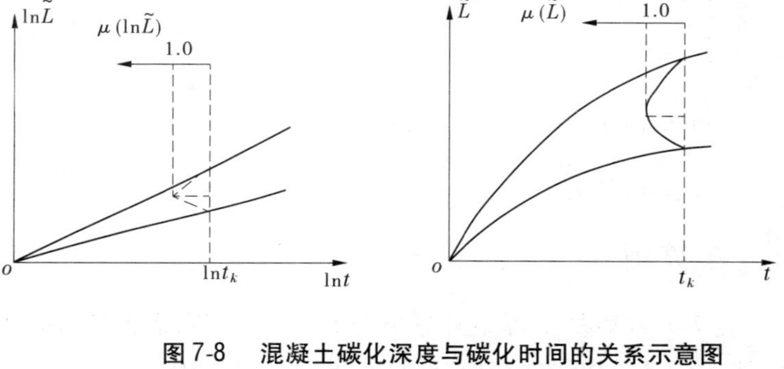


图 7-8 混凝土碳化深度与碳化时间的关系示意图

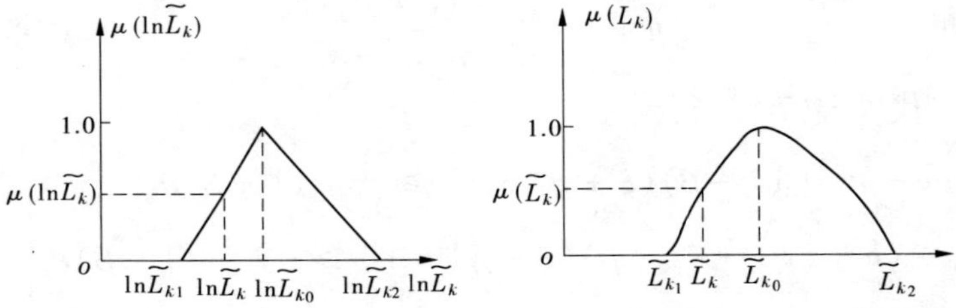


**图 7-9　混凝土碳化深度的隶属函数**

$$\mu(\widetilde{L}_k)=\begin{cases}\dfrac{\ln\widetilde{L}_k-\ln\widetilde{L}_{k1}}{\ln\widetilde{L}_{k0}-\ln\widetilde{L}_{k1}} & (\widetilde{L}_{k1}\leqslant\widetilde{L}_k<\widetilde{L}_{k0})\\[2ex]\dfrac{\ln\widetilde{L}_{k2}-\ln\widetilde{L}_k}{\ln\widetilde{L}_{k2}-\ln\widetilde{L}_{k0}} & (\widetilde{L}_{k0}\leqslant\widetilde{L}_k<\widetilde{L}_{k2})\end{cases}\tag{7-57}$$

式中　$\ln\widetilde{L}_{k0}=\hat{a}+\hat{b}\ln t_k$；

$\widetilde{L}_{k0}=e^{\hat{a}}t_k^{\hat{b}}$；

$\ln\hat{L}_{k1}=(\hat{a}-\xi)+(\hat{b}-\eta)\ln t_k$；

$\hat{L}_{k1}=e^{\hat{a}-\xi}t_k^{\hat{b}-\eta}$

$\ln\widetilde{L}_{k2}=(\hat{a}+\xi)+(\hat{b}+\eta)\ln t_k$；

$\widetilde{L}_{k2}=e^{\hat{a}+\xi}t_k^{\hat{b}+\eta}$

## 三、算例

表 7-9 为某些工程室外暴露条件下 C20 混凝土实测碳化深度，按式(7-44)作线性变换，计算结果列于表 7-10。

表 7-9　混凝土自然碳化深度实测结果汇总

| 序号 | 使用年限 $t$(a) | 测点数 $n$ | 碳化深度(mm) | | |
|---|---|---|---|---|---|
| | | | 平均值 | 均方差 | 变异系数 |
| 1 | 8 | 10 | 10.4 | 5.40 | 0.52 |
| 2 | 12 | 11 | 14.8 | 4.45 | 0.30 |
| 3 | 14 | 16 | 13.3 | 7.00 | 0.53 |
| 4 | 18 | 11 | 14.2 | 6.14 | 0.40 |
| 5 | 20 | 22 | 15.6 | 5.66 | 0.36 |
| 6 | 23 | 48 | 16.8 | 9.49 | 0.57 |
| 7 | 45 | 5 | 23.0 | 7.60 | 0.33 |

表 7-10　线性变换结果

| 序号 | $L_i$ | $y_i$ | $t_i$ | $x_i$ | $\xi_i$ |
|---|---|---|---|---|---|
| 1 | 10.4 | 2.342 | 8 | 2.079 | 0.50 |
| 2 | 14.8 | 2.695 | 12 | 2.485 | 0.30 |
| 3 | 13.3 | 2.580 | 14 | 2.639 | 0.50 |
| 4 | 14.2 | 2.653 | 18 | 2.890 | 0.45 |
| 5 | 15.6 | 2.747 | 20 | 2.996 | 0.35 |
| 6 | 16.8 | 2.821 | 23 | 3.135 | 0.55 |
| 7 | 23.0 | 3.135 | 45 | 3.807 | 0.35 |

注：$\xi_i$ 为假定的估计值，意义见图 7-7(c)。

根据表 7-10 的数据，解式(7-52)、式(7-55)确定的线性规划问题，得到

$$\hat{a} = 1.2978; \xi = 0.0000; \hat{b} = 0.5023; \eta = 0.2406$$

代入式(7-56)得到

$$\ln \widetilde{L} = 1.297\,8 + [0.261\,7, 0.742\,9]\ln t \qquad (7\text{-}58)$$

由式(7-58)可确定任意时刻混凝土碳化深度的隶属函数。图7-10为算例的分析结果。

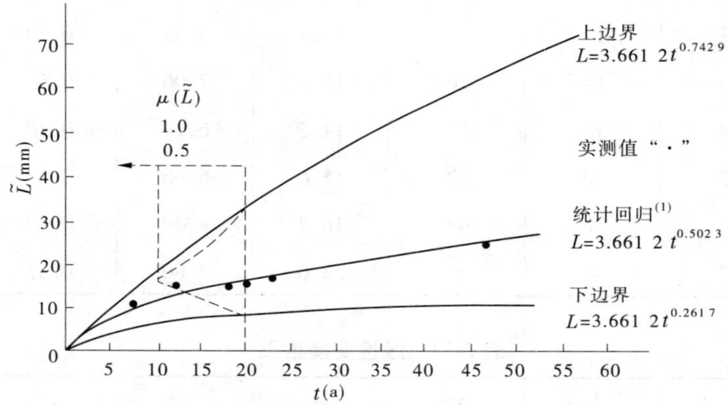


**图7-10　混凝土碳化深度的模糊回归结果图示**

## 四、小结

将混凝土碳化实测值与预测值之间的误差看做是系统本身输入输出的模糊性,应用模糊回归的分析方法,研究了碳化深度随时间的变化规律,得到如下结论:

(1)混凝土碳化深度随时间的变化规律为一模糊区域,在区域中的每一点均有相应的隶属函数值与其对应,隶属函数值的大小反映了取该值的可能程度。

(2)与传统回归方法相比,模糊回归方法将 $L$—$t$ 之间的关系推广到 $L$—$\mu$—$t$ 三维空间,从理论上讲,该方法更具一般性。

(3)隶属函数及一些参数的取值带有一定的主观性,还需在实践中不断摸索,以使分析结果更趋合理。

# 第五节　基于灰色理论的预测模型

## 一、灰色建模的基本方法

混凝土的碳化与多种因素相关,在检测碳化深度的同时,如检测与收集这些相关因素数据,构成对应的数据列,就可采用灰色理论中的GM模型建立碳化深度的预测模型。设同一地区相同环境类型的混凝土碳化深度组成的序列为式(7-59),与它对应的相关因素序列为式(7-60):

$$X_1^{(0)} = (x_1^{(0)}(1), x_1^{(0)}(2), \cdots, x_1^{(0)}(n)) \tag{7-59}$$

$$X_i^{(0)} = (x_i^{(0)}(1), x_i^{(0)}(2), \cdots, x_i^{(0)}(n)) \quad (i = 2,3,\cdots,N) \tag{7-60}$$

由于上述原始数据列多呈现出离乱的情况,因此灰色建模需要对原始数据做累加生成(一般做一次累加生成即1-AGO),即

$$x_i^{(1)} = (x_i^{(1)}(1), x_i^{(1)}(2), \cdots, x_i^{(1)}(n)) \quad (i = 1,2,\cdots,N) \tag{7-61}$$

式中

$$x_i^{(1)}(k) = \sum_{m=1}^{k} x_i^{(0)}(m) \quad (k = 1,2,\cdots,n) \tag{7-62}$$

据此可建立一阶 $N$ 个变量的微分方程GM(1,$N$):

$$\frac{\mathrm{d}x_1^{(1)}}{\mathrm{d}t} + ax_1^{(1)} = b_1 x_2^{(1)} + b_2 x_3^{(1)} + \cdots + b_{N-1} x_N^{(1)} \tag{7-63}$$

记上述方程的参数列为 $\hat{a} = [a, b_1, b_2, \cdots, b_{N-1}]^{\mathrm{T}}$,则按最小二乘法可求出

$$\hat{a} = (B^{\mathrm{T}}B)^{-1}B^{\mathrm{T}}y_N \tag{7-64}$$

式中

$$B = \begin{bmatrix} -\frac{1}{2}(x_1^{(1)}(1) + x_1^{(1)}(2)), x_2^{(1)}(2), \cdots, x_N^{(1)}(2) \\ -\frac{1}{2}(x_1^{(1)}(2) + x_1^{(1)}(3)), x_2^{(1)}(3), \cdots, x_N^{(1)}(3) \\ \vdots \\ -\frac{1}{2}(x_1^{(1)}(n-1) + x_1^{(1)}(n)), x_2^{(1)}(n), \cdots, x_N^{(1)}(n) \end{bmatrix}$$

$$y_N = [x_1^{(0)}(2), x_1^{(0)}(3), \cdots, x_1^{(0)}(n)]^{\mathrm{T}}$$

当 $x_i^{(1)}(i=2,\cdots,N), i\neq 1$ 呈现出缓变,可以用区间不变值进行计算时,有下面近似关系式成立:

$$\hat{x}_1^{(1)}(k+1) = \left[x_1^{(1)}(0) - \frac{1}{a}\sum_{i=2}^{N} b_{i-1}x_i^{(1)}(k+1)\right]\mathrm{e}^{-ak} + \frac{1}{a}\sum_{i=2}^{N} b_{i-1}x_i^{(1)}(k+1) \quad (k=0,1,\cdots,n-1) \tag{7-65}$$

式中　　　　$x_1^{(1)}(0) = x_1^{(0)}(1)$

进一步由式(7-66)可得到还原后的碳化深度预测值:

$$\hat{x}_1^{(0)}(k) = \hat{x}_1^{(1)}(k) - \hat{x}_1^{(1)}(k-1) \quad (k=1,2,\cdots,n;\text{取}\,\hat{x}_1^{(1)}(0)=0) \tag{7-66}$$

GM(1,N)模型特征序列变化幅度很小时精度较高,混凝土碳化深度变动一般较大,因此预测精度可能不高,残差较大,这可用碳化深度的残差序列建立 GM(1,1)模型进行修正。

定义还原后的残差 $q^{(0)}(k)$ 为

$$q^{(0)}(k) = x_1^{(0)}(k) - \hat{x}_1^{(0)}(k) \quad (k=1,2,\cdots,n) \tag{7-67}$$

则建立的 GM(1,1)残差模型如式(7-68)、式(7-69):

$$\hat{q}^{(1)}(k+1) = \left(q^{(0)}(1) - \frac{u'}{a'}\right)\mathrm{e}^{-a'k} + \frac{u'}{a'} \quad (k=0,1,\cdots,n-1) \tag{7-68}$$

$$\hat{q}^{(0)}(k+1) = -a'\left(q^{(0)}(1) - \frac{u'}{a'}\right)e^{-a'k} \quad (k = 0,1,\cdots,n-1) \tag{7-69}$$

式中 $u'$、$a'$ 由式(7-70)确定：

$$\hat{a} = [a',u']^{\mathrm{T}} = (b^{\mathrm{T}}b)^{-1}b^{\mathrm{T}}y_q \tag{7-70}$$

式中

$$b = \begin{bmatrix} -\frac{1}{2}(q^{(1)}(1) + q^{(1)}(2)) & 1 \\ -\frac{1}{2}(q^{(1)}(2) + q^{(1)}(3)) & 1 \\ \vdots & \\ -\frac{1}{2}(q^{(1)}(n-1) + q^{(1)}(n)) & 1 \end{bmatrix}$$

$$y_q = [q^{(0)}(2), q^{(0)}(3), \cdots, q^{(0)}(n)]^{\mathrm{T}}$$

则修正后碳化深度的预测值为

$$\hat{x}'^{(0)}_1(k) = \hat{x}^{(0)}_1(k) + \hat{q}^{(0)}(k) \quad (k = 1,2,\cdots,n) \tag{7-71}$$

## 二、算例

表 7-11 为某地区检测得到的一组混凝土碳化深度与水灰比、混凝土渗透率和水泥用量的对应数据。据此可建立碳化深度的 GM(1,4)模型。在引用表中的数据建模时，首先要对数据进行无量纲化处理。由于混凝土碳化序列是时间增长序列，初值为零，而相关的因素水灰比、混凝土渗透率和水泥用量是参数序列，因此采用均值化处理比较合适，即采用各列数据的平均值除相应数列中的每个数而得到采用的新数列。经过运算得到混凝土碳化深度的预测值，计算结果表明，此种方法的预测精度较高。

表 7-11　碳化深度实测值及模型计算结果

| 时间(a) | 碳化深度(mm) | 水灰比 | 渗透率(%) | 水泥用量(kg) | 碳化深度模型值(mm) | 残差(%) |
|---|---|---|---|---|---|---|
| 2 | 4.1 | 0.45 | 0.30 | 412 | 4.1 | 0.0 |
| 4 | 3.4 | 0.40 | 0.15 | 521 | 3.4 | 0.01 |
| 6 | 8.5 | 0.70 | 0.41 | 288 | 7.1 | 6.5 |
| 8 | 10.3 | 0.50 | 0.38 | 309 | 13.2 | −28.2 |
| 10 | 11.2 | 0.46 | 0.20 | 370 | 10.3 | 8.0 |
| 12 | 18.3 | 0.55 | 0.38 | 345 | 21.5 | −17.5 |
| 14 | 17.8 | 0.50 | 0.26 | 368 | 17.7 | 0.6 |
| 16 | 22.8 | 0.55 | 0.30 | 342 | 22.0 | 3.5 |
| 18 | 23.3 | 0.55 | 0.25 | 336 | 20.0 | 14.2 |
| 20 | 31.6 | 0.50 | 0.43 | 270 | 34.2 | −8.2 |
| 22 | 27.7 | 0.50 | 0.38 | 298 | 31.6 | −14.1 |
| 24 | 30.8 | 0.60 | 0.36 | 322 | 31.3 | −1.60 |
| 26 | 31.9 | 0.55 | 0.35 | 310 | 30.5 | 4.4 |
| 28 | 32.4 | 0.60 | 0.36 | 275 | 32.3 | 0.30 |
| 30 | 29.1 | 0.55 | 0.30 | 326 | 25.4 | 12.7 |
| 32 | 33.7 | 0.60 | 0.39 | 295 | 34.0 | −0.9 |
| 34 | 28.7 | 0.55 | 0.36 | 315 | 29.9 | −4.2 |
| 36 | 36.7 | 0.65 | 0.45 | 266 | 39.6 | −7.9 |

采用灰色 GM(1,$N$)建立混凝土碳化深度与其相关因素的关系,并通过残差修正后可以得到满意的精度。这种方法需要的数据量不大,数据来源不要求是同一种工程,相关因素可以是材料因素,也可以是环境因素,如果两者都包括在内,则模型的应用效果会更好。

## 第六节 基于神经网络理论的预测模型

神经网络方法具有较强的多维非线性映射能力,一个三层网络就可以任意精度逼近任意给定的连续函数。除此之外,神经网络还具有很强的容错性、鲁棒性及泛化能力。因此,可以根据需要采用神经网络方法建立不同的混凝土碳化预测模型。

### 一、BP 网络模型

BP 网络由 Rumelhart 等提出,是一种反向误差传播的多层前馈网络。它由输入层、隐层和输出层组成(图 7-11 为一个三层 BP 网络的结构)。由给定的学习样本,经一定的学习算法,调整联结网络层的权值和阈值,使输出层的输出结果与实际值间的误差达到允许范围,从而建立起自变量与因变量之间的非显式映射关系。

对于每一个非线性变换单元的神经元,其输入与输出满足非线性单调上升的函数关系,可采用图 7-12 的压缩函数,其数学表达式为

$$y = f(S) = \frac{1}{1 + e^{-S}} \tag{7-72}$$

设网络的输入层有 $n$ 个神经元 $X \in R^n$、$X = (x_0, x_1, \cdots, x_{n-1})^T$;隐含层有 $n_1$ 个神经元 $X' \in R^{n_1}$、$X' = (x'_0, x'_1, \cdots, x'_{n_1-1})^T$;输出层有 $m$ 个神经元 $Y \in R^m$、$Y = (y_0, y_1, \cdots, y_{m-1})^T$ 输入层与隐含层之间的连接权为 $w_{ij}$,隐含层的阈值为 $\theta_j$,隐含层与输出层之间的连接权为

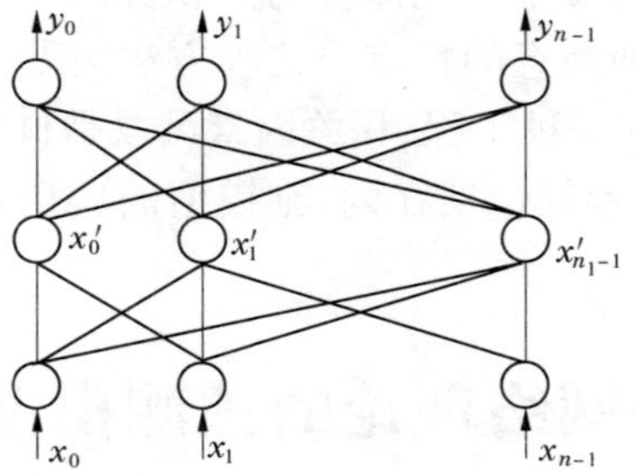


图 7-11　一个三层网络结构图

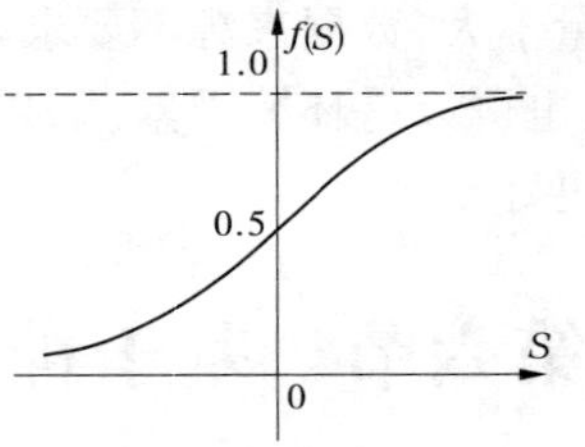


图 7-12　非线性单调上升函数

$w_{jk}$，输出层单元的阈值为 $\theta_k$，那么各层神经元的输出应满足

$$x'_j = f(\sum_{i=0}^{n-1} w_{ij}x_i - \theta_j) \tag{7-73}$$

$$y_k = f(\sum_{j=0}^{n_1-1} w_{jk}x'_j - \theta_k) \tag{7-74}$$

其中，函数 $f(\ )$ 满足式（7-72）。

BP 算法是一种有教师的学习算法。设有 $P$ 个学习样本 $x^1$，$x^2$，…，$x^P$，已知与之对应的期望输出为 $t^1$，$t^2$，…，$t^P$，用实际的输出 $y^1$，$y^2$，…，$y^P$ 与上述期望输出的误差来修正网络中的连接权和阈值，使实际输出与期望输出尽可能接近。为方便处理，可令 $\theta_j = w_{nj}x_n = -1$，$\theta_k = w_{n_1k}x'_{n_1} = -1$，则有

$$x'_j = f(\sum_{i=0}^{n} w_{ij}x_i) \tag{7-75}$$

$$y_k = f(\sum_{j=0}^{n_1} w_{jk}x'_j) \tag{7-76}$$

如果第 $P_1$ 个样本输入到网络中，实际输出值为 $y_{k1}$（$k1 = 0, 1, \cdots, m-1$），其误差为各单元之和：

$$E_{P_1} = \frac{1}{2}\sum_{k1=0}^{m-1}(t_{k1}^{P_1} - y_{k1}^{P_1})^2 = \varepsilon \tag{7-77}$$

对于 $P$ 个样本学习后,网络总误差为

$$E = \frac{1}{2}\sum_{P_1=1}^{P}\sum_{k1=0}^{m-1}(t_{k1}^{P_1} - y_{k1}^{P_1})^2 \tag{7-78}$$

网络总误差 $E$ 达到最小即可,否则需要调整连接权。设 $w_{sq}$ 为任意两个神经元之间的连接权,采用梯度法对每个连接权 $w_{sq}$ 的修正值为

$$\Delta w_{sq} = -\sum_{P_1=1}^{P}\eta\frac{\partial\varepsilon}{\partial w_{sq}} \tag{7-79}$$

式中　$\eta$——学习步长。

则调整后的连接权为

$$w'_{sq} = w_{sq} + \Delta w_{sq} \tag{7-80}$$

然后回到开始重新计算,直到网络总误差 $E$ 达到最小(实际计算时,常给定一个误差限定值,网络总误差 $E$ 小于此值时即认为满足精度要求),此时即可得到碳化深度的神经网络预测模型。

## 二、算例

表 7-12 为某工程室外条件下 C20 混凝土实测碳化深度。以此表为学习样本,BP 网络取(1-5-1)型,神经元的误差取 0.005,学习步长取 0.5,得到碳化深度神经网络预测模型的连接权和阈值(见表 7-13)。计算结果表明,碳化深度的计算结果与实测值二者之间的最大相对误差不超过 13%(见表 7-14)。

此算例给出的神经网络模型是比较简单的一种。输入层仅考虑碳化时间的影响,有 1 个神经元,隐含层有 5 个神经元,输出层为碳化深度,有 1 个神经元。如果有足够多的观测资料,考虑更多的碳化影响因素,则输入层、隐含层可以设置更多的神经元,得到更复杂的预测模型。

表 7-12　某工程实测碳化深度

| 使用年限(a) | 8 | 12 | 14 | 18 | 20 | 23 | 45 |
|---|---|---|---|---|---|---|---|
| 碳化深度 $L$(mm) | 10.4 | 14.8 | 13.3 | 14.2 | 15.6 | 16.8 | 23.0 |
| | 9.6 | 13.0 | 14.6 | 15.0 | 15.2 | 15.9 | 23.7 |
| | 11.2 | | | | | | |

表 7-13　神经网络预测模型中的权值和阈值

| $w_{ij}$ | | $\theta_j$ | $w_{jk}$ | $\theta_k$ |
|---|---|---|---|---|
| $j$ | $i=1$ | | $k=1$ | ($k=1$) |
| 1 | 0.096 8 | −1.920 0 | 1.285 7 | 0.044 4 |
| 2 | 0.605 0 | 0.420 4 | −0.021 9 | |
| 3 | 0.931 0 | 0.102 4 | −0.317 4 | |
| 4 | 0.829 5 | 0.468 8 | −0.517 9 | |
| 5 | 0.265 3 | −0.488 6 | 1.164 5 | |

注　$w_{ij}$、$w_{jk}$为连接权;$\theta_j$ 为隐含层阈值;$\theta_k$ 为输出层阈值

表 7-14　网络计算结果与实测值的对比

| 使用年限(a) | 8 | 12 | 14 | 18 | 20 | 23 | 45 |
|---|---|---|---|---|---|---|---|
| 碳化实测平均值(mm) | 10.4 | 13.9 | 14.0 | 14.6 | 15.4 | 16.4 | 23.4 |
| 碳化计算值(mm) | 11.1 | 13.5 | 14.5 | 16.4 | 17.3 | 18.6 | 25.0 |
| 误差% | 6.7 | −2.9 | 3.6 | 12.3 | 12.3 | 13.4 | 6.08 |

## 第七节　基于混凝土孔隙结构的预测模型

碳化与大气中 $CO_2$ 向混凝土内部的扩散速度密切相关,扩散速度取决于混凝土的抗渗性,抗渗性又取决于混凝土的孔隙结构,因此改善孔隙结构是降低混凝土碳化速度的一条有效途径。孔隙结构主要包括总孔容、孔径大小的分布及孔隙形态(大体上可分为墨水瓶形孔和管形孔)。试验结果表明:随着水灰比的增大,混凝土的孔容、管孔量、大孔量($r>1\ 000$Å)都明显增大,混凝土碳化速度加快。减水剂的品种、掺量及减水率对孔结构都有影响,只有在适当的掺量及减水率条件下,才能使孔容、管孔量、大孔量都明显减少,进而降低碳化速度。季欣认为,仅以总孔容 $V_1$ 和管形孔含量 $V_2$ 就能反映孔隙结构对碳化的影响,其建立的碳化方程见式(7-81):

$$L=\begin{cases}-17.85+0.287V_1+0.329V_2\\ (\text{相关系数 } r=0.975;525\text{ 号普通硅酸盐水泥})\\ -25.04+0.386V_1+0.301V_2\\ (\text{相关系数 } r=0.973\ 8;525\text{ 号早强普通硅酸盐水泥})\\ -10.87+0.177V_1+0.661V_2\\ (\text{相关系数 } r=0.966;425\text{ 号矿渣水泥})\end{cases}\tag{7-81}$$

式中　$L$——28 d 的碳化深度,mm;

$V_1$——总孔容,$mm^3/g$;

$V_2$——管形孔含量,$mm^3/g$。

## 第八节　裂缝处碳化深度的预测模型

在第三章已介绍了裂缝处混凝土碳化的一些特点,分析了碳化发展的影响因素，得出裂缝处碳化速度系数 $w_{cr}$ 具有正态分布的特征。裂缝处碳化深度与碳化速度系数 $w_{cr}$、裂缝宽度 $b$ 及碳化时间 $t$ 的关系见式(3-7)。因此，裂缝处的碳化深度值在任意时刻 $t$ 的截口密度函数为

$$f(L,t,b) = \frac{1}{(2\pi b)^{1/2}t^{1/4}\sigma_{w_{cr}}}\exp\left[-\frac{(L-\mu_{w_{cr}}b^{1/2}t^{1/4})^2}{2bt^{1/2}\sigma_{w_{cr}}^2}\right] \tag{7-82}$$

在一定保证率 $P$ 下，裂缝处的碳化深度见式(7-83)：

$$L_{P/t} = (\mu_{w_{cr}} + \beta\sigma_{w_{cr}})b^{1/2}t^{1/4} \tag{7-83}$$

【例 7-3】 已知某混凝土构件，裂缝处混凝土碳化速度系数 $w_{cr}$ 服从正态分布 $N(42.59, 12.28^2)$，求使用 50 a 后，具有 95% 保证率、裂缝宽度为 0.1 mm 处混凝土的碳化深度。

**解**　已知 $P=0.95$，因此 $\beta=1.645$，连同 $b=0.1$，$t=50$，$\mu_{w_{cr}}=42.59$，$\sigma_{w_{cr}}=12.28$ 代入式(7-83)得 $L_{0.95/50}=52.8$ mm。

在实际工程中，结构受到的荷载大小不是定值，尤其是环境温度、湿度的变化，会使混凝土裂缝宽度经常处于变动之中，因此在不同时段，裂缝处混凝土的碳化速度也会发生变化。但是如果将碳化时间放在多年来考察，上述因素的平均影响效果可以认为是不变的，裂缝宽度应采用年平均值代入式(7-83)，此时计算的碳化深度具有平均意义。

## 第九节　其他预测模型

除前面介绍的碳化深度预测方法和模型外，还有许多学者依据自己的研究成果，分别建立了形式各异的碳化深度预测模型，下面摘录其中的一部分。

## 一、岸谷模型

日本岸谷考虑了水灰比、水泥品种、掺合料、外加剂以及骨料等一些因素后，提出了计算混凝土碳化年限的经验公式：

(1) $W/C>0.6$ 时

$$t=\frac{0.3(1.15+3W/C)}{w^2(W/C-0.25)^2}L^2 \tag{7-84}$$

(2) $W/C\leqslant0.6$ 时

$$t=\frac{7.2}{w^2(4.6W/C-1.76)^2}L^2 \tag{7-85}$$

式中　$W/C$——混凝土的水灰比；

$L$——混凝土碳化深度，cm；

$w$——混凝土碳化速度影响系数；

$t$——混凝土碳化年限。

## 二、西安建筑科技大学模型

西安建筑科技大学考虑了地域、室内外环境、养护时间及混凝土强度的影响后，也给出了混凝土碳化多系数方程：

$$L=k_1k_2k_3\left(\frac{24.48}{\sqrt{f_{cuk}}}-2.74\right)\sqrt{t} \tag{7-86}$$

式中　$L$——混凝土碳化深度，mm；

$f_{cuk}$——混凝土抗压强度标准值，MPa；

$t$——碳化年限，a；

$k_1$——地区影响系数，北方地区取 1.0，南方及沿海地区取 0.5 ~0.8；

$k_2$——室内外影响系数，室外取 1.0，室内取 1.87；

$k_3$——养护时间影响系数，对一般施工情况取 1.5。

## 三、阿列克谢耶夫模型

阿列克谢耶夫模型考虑了 $CO_2$ 气体浓度、$CO_2$ 在混凝土中的扩散及混凝土吸收 $CO_2$ 的能力，具体见式(7-87)：

$$L = \sqrt{\frac{2D_e[CO_2]^0}{m_0}t} \tag{7-87}$$

式中 $L$——混凝土碳化深度；

$D_e$——$CO_2$ 气体在混凝土孔隙中的有效扩散系数；

$[CO_2]^0$——环境中 $CO_2$ 气体浓度；

$m_0$——单位体积混凝土 $CO_2$ 气体吸收量；

$t$——混凝土碳化年限。

## 四、Papadakis 模型

希腊学者 Papadakis 从 Fick 第一定律出发，在充分研究混凝土碳化反应的物理化学全过程的基础上，根据碳化反应过程中的质量平衡条件，建立并求解偏微分方程，得到碳化深度的解析模型：

$$L = \sqrt{\frac{2D_e[CO_2]^0}{[Ca(OH)_2]^0 + 3[CSH]^0 + 3[C_3S]^0 + 2[C_2S]^0}t} \tag{7-88}$$

式中 $L$——混凝土碳化深度；

$[CO_2]^0$——环境中 $CO_2$ 气体摩尔浓度；

$[Ca(OH)_2]^0$、$[CSH]^0$、$[C_3S]^0$、$[C_2S]^0$——可碳化物质初始摩尔浓度；

$t$——混凝土碳化年限。

## 五、Smolcyk 模型

Smolcyk 模型比较简洁，具体见式(7-89)：

$$L = 250\left(\frac{1}{\sqrt{R_c}} - \frac{1}{\sqrt{R_g}}\right)\sqrt{t} \tag{7-89}$$

式中　$L$——混凝土碳化深度；

$R_g$——假定混凝土不碳化的极限强度，取 625 kg/cm$^2$；

$R_c$——混凝土的抗压强度，kg/cm$^2$；

$t$——混凝土碳化年限。

## 六、朱安明模型

该模型考虑了水泥品种、粉煤灰及气候的影响，具体见式(7-90)：

$$L = \alpha_1\alpha_2\alpha_3(12.1W/C - 3.2)\sqrt{t} \tag{7-90}$$

式中　$L$——混凝土碳化深度；

$\alpha_1$——水泥品种影响系数，矿渣水泥取 1.0，普通水泥取 0.5～0.7；

$\alpha_2$——粉煤灰影响系数，掺量≤15%时取 1.1；

$\alpha_3$——气候条件系数，中部地区取 1.0，南方潮湿地区取 0.5～0.8，北方干燥地区取 1.1～1.2；

$t$——混凝土碳化年限。

## 七、日本规范模型

日本混凝土配合比设计规范模型，重点考虑了水灰比和混凝土养护龄期对碳化的影响，具体见式(7-91)：

$$L = \sqrt{\frac{(W/C - 0.25)^2}{0.3(1.15 + 3W/C)^{t_0}}t} \tag{7-91}$$

式中　$L$——混凝土碳化深度；

$W/C$——混凝土的水灰比；

$t_0$——混凝土养护龄期；

$t$——混凝土碳化年限。

## 八、日本建筑学会模型

日本建筑学会提出的碳化深度模型是一个考虑了多种因素影响的多系数模型,具体见式(7-92):

$$L = \frac{1}{\sqrt{abcsA_0}}\sqrt{t} \tag{7-92}$$

式中 $L$——混凝土碳化深度;

$a$——材质差异系数,考虑水灰比、水泥品种、外加剂的影响;

$b$——区域系数,考虑温度和 $CO_2$ 浓度的影响;

$c$——状态差异系数,考虑裂缝、部位等的影响;

$s$——有装修层时的时间延迟系数;

$A_0$——某标准状态(硅酸盐水泥混凝土,配合比 1∶2∶4,水灰比 0.65)下的碳化常数,取 7.2 a/m$^3$。

## 参考文献

[1] 颜承越. 砼碳化与强度关系的建立与应用[J]. 混凝土与水泥制品,1993,6.

[2] 颜承越. 水灰比~碳化方程与抗压强度~碳化方程的比较[J]. 混凝土,1994,1.

[3] 朱元祥,侯应武,屈文俊. 混凝土结构裂缝处的碳化分析[J]. 西北建筑工程学院学报,1998.4.

[4] 牛荻涛,董振平,浦聿修. 预测混凝土碳化深度的随机模型[J]. 工业建筑,1999,9.

[5] 张誉,蒋利学. 基于碳化机理的混凝土碳化深度实用数学模型[J]. 工业建筑,1998,1.

[6] Papadakis V G et al. . Fundamental Modeling and Experimental Investigation of Concrete Carbonation[J]. ACI Material Journal,1991(88):363 – 373.

[7] 袁群,赵国藩. 混凝土碳化深度随机时间序列预报模型[J]. 大连理工大

学学报,2000,3.
[8] 闵华玲. 随机过程[M]. 上海:同济大学出版社,1987.
[9] 赵振宇,徐用懋. 模糊理论和神经网络的基础与应用[M]. 北京:清华大学出版社,1996.
[10] 王恒栋,赵国藩. 基于人工神经网络的混凝土碳化分析[J]. 水运工程,1996,1.
[11] 李文华,孟文清,谭燕秋. 基于神经元网络的混凝土碳化预测研究[J]. 工业建筑,1999,1.
[12] 龚洛书,苏曼青,王洪琳. 混凝土多系数碳化方程及其应用[J]. 混凝土及加筋混凝土,1985,6.
[13] 李清富,刘晨光,张艳丽. 混凝土碳化耐久性模糊分析[J]. 郑州工业大学学报,1996,9.
[14] 张喜德,韦树英,彭修宁. 混凝土碳化深度的灰色预测[J]. 广西大学学报(自然科学版),2002,12.
[15] 邓聚龙. 灰色系统基本方法[M]. 武汉:华中理工大学出版社,1988.
[16] 季欣,傅沛兴. 水泥石的碳化深度与孔结构参数的关系[J]. 四川建材学院学报,1992,1.
[17] 李检保. 砼碳化及其碳化后力学性能试验与分析[D]. 同济大学,1997,12.

# 第八章　碳化的防护

材料、施工及环境是影响混凝土碳化的三大因素，要想延缓或阻止碳化的进程，就必须从这些因素着手，结合实际情况采用相应的措施。下面介绍一些碳化防护的方法，为工程管理提供参考。

## 第一节　表面覆盖防护法

### 一、表面覆盖延迟碳化的机理

碳化是 $CO_2$ 气体在混凝土气孔中的扩散、溶解并与 $Ca(OH)_2$ 反应生成 $CaCO_3$ 的过程，按照 Fick 第一定律，$CO_2$ 气体在固体中的渗透符合式(8-1)：

$$\mathrm{d}m = \frac{D'F(c_0 - c)}{x}\mathrm{d}\tau \tag{8-1}$$

$$D' = D_0 \frac{\pi d^2}{4\psi}N \tag{8-2}$$

式中　$\mathrm{d}m$——$\mathrm{d}\tau$ 时间内，气体透过固体表面层的数量；

$D'$——气体在固体中的有效扩散系数；

$F$——气体透过的固体表面积；

$c_0$、$c$——固体表面和吸收区内的气体浓度；

$x$——已吸收气体的固体表面层厚；

$D_0$——$CO_2$ 在空气中的扩散系数；

$d$——毛细管平均直径；

$N$——单位表面积上毛细管的数量；

$\Psi$——毛细管的曲折系数。

因此,在混凝土表面有覆盖层的情况下,$CO_2$ 气体首先透过覆盖层,然后浸入混凝土,使混凝土碳化。由式(8-1)、式(8-2)可知,$CO_2$ 气体透过覆盖层的数量与覆盖层的厚度成反比。其次,覆盖层的孔结构直接影响到 $CO_2$ 气体在其中的扩散,因此覆盖层的厚度与密实程度是影响混凝土碳化深度的关键因素。

## 二、表面覆盖延迟碳化的评价方法

覆盖物对碳化的延迟作用可与同条件裸露混凝土的碳化相比较得到。表面覆盖混凝土与裸露混凝土的碳化深度关系见式(8-3):

$$\frac{L_1}{L_0} = \frac{1}{\sqrt{\beta}} \tag{8-3}$$

因此,覆盖混凝土碳化延迟系数为:

$$\beta = \frac{L_0^2}{L_1^2} \tag{8-4}$$

式中　$L_0$——裸露混凝土的碳化深度;

$L_1$——有表面覆盖混凝土的碳化深度。

张令茂试验研究了 10 种不同覆盖材料的碳化延迟系数。碳化混凝土用耀县 425 号普通水泥、普通河砂和 5 ~ 30 mm 卵石配制,配合比见表 8-1。

**表 8-1　碳化混凝土的配合比**

| 序号 | 水灰比 | 配合比 | 水泥用量($kg/m^3$) | 粉煤灰掺量($kg/m^3$) | 坍落度(cm) |
|---|---|---|---|---|---|
| 1 | 0.65 | 1∶2.60∶5.30 | 262 | 0 | 1 |
| 2 | 0.65 | 1∶2.60∶5.30 | 200 | 62(干排灰) | 1 |
| 3 | 0.65 | 1∶2.60∶5.30 | 200 | 62(磨细灰) | 2 |

碳化试验用 10 cm × 10 cm × 10 cm 的立方体试件，每一配比 30 块，试件在标准条件下养护 28 d，然后取出干燥。试件表面所做的覆盖材料和厚度见表 8-2。

**表 8-2　覆盖材料和厚度**

| 编号 | 覆盖材料 | 实测厚度(mm) | 备注 |
|---|---|---|---|
| 1 | 空白 | 0 | |
| 2 | 石灰浆 | 0.75 | |
| 3 | 水泥浆 | 0.34 | |
| 4 | 106 涂料 | 0.26 | |
| 5 | 1∶3石灰砂浆 | 10 | |
| 6 | 1∶3水泥砂浆 | 10 | |
| 7 | 沥青防水涂料 | 0.67 | 冷涂 |
| 8 | 30 号沥青 | 3.76 | 热涂 |
| 9 | 马赛克 | 4 | 用 3 mm 厚 1∶1水泥砂浆粘贴 |
| 10 | 瓷砖 | 9 | |

施加覆盖层后，试件继续在标准条件下养护，28 d 后取出，在室内自然干燥 10 d，然后放入碳化箱碳化。碳化按 GBJ 82—85 “普通混凝土长期性能和耐久性能试验方法”进行，控制温度为 (20 ± 5) ℃，湿度为(70 ± 5)%，$CO_2$ 浓度为(20 ± 3)%。碳化 28 d 后测试碳化深度，并按式(8-3)、式(8-4)计算碳化延迟系数，结果列于表 8-3。

表 8-3　覆盖材料对混凝土碳化的影响

| 覆盖材料编号 | 碳化深度（mm） | | | $\sqrt{\beta}$ | | | | $\beta$ |
|---|---|---|---|---|---|---|---|---|
| | 配合比 | | | 配合比 | | | 平均数 | 平均数 |
| | 1 | 2 | 3 | 1 | 2 | 3 | | |
| 1 | 19.85 | 30.89 | 31.71 | 1 | 1 | 1 | 1 | 1 |
| 2 | 19.29 | 26.81 | 31.14 | 1.03 | 1.15 | 1.02 | 1.07 | 1.14 |
| 3 | 19.39 | 31.83 | 29.06 | 1.02 | 0.97 | 1.09 | 1.03 | 1.06 |
| 4 | 18.51 | 28.65 | 30.16 | 1.07 | 1.08 | 1.05 | 1.07 | 1.14 |
| 5 | 13.65 | 25.77 | 22.73 | 1.45 | 1.20 | 1.40 | 1.35 | 1.82 |
| 6 | 12.97 | 17.54 | 18.08 | 1.53 | 1.76 | 1.75 | 1.68 | 2.82 |
| 7 | 5.74 | 8.25 | 7.15 | 3.46 | 3.74 | 4.43 | 3.88 | 15.05 |
| 8 | 2.07 | 2.89 | 2.62 | 9.59 | 10.69 | 12.10 | 10.79 | 116.42 |
| 9 | 2.58 | 3.93 | 4.31 | 7.69 | 7.86 | 7.36 | 7.64 | 58.32 |
| 10 | 0.85 | 1.21 | 1.29 | 23.35 | 25.53 | 24.58 | 24.49 | 599.76 |

由表 8-3 可以看出，用石灰浆、水泥浆、106 建筑涂料作混凝土的表面覆盖材料，对延迟混凝土碳化的效果不显著；用石灰砂浆和水泥砂浆覆盖，对延迟碳化有一定效果；用沥青、沥青防水涂料、马赛克和瓷砖覆盖，对延迟碳化有比较明显的效果。

日本学者依田彰彦试验得出的覆盖材料的碳化延迟系数 $\beta$ 见表 8-4。

表 8-4　依田彰彦的试验结果

| 覆盖材料 | 无 | 涂料 | 砂浆 | 面砖 |
|---|---|---|---|---|
| $\beta$ | 1 | 2 | 4 | 7 |

尽管两个试验结果得到的碳化延迟系数 $\beta$ 有所不同(这与试验方法及覆盖层材料和厚度有关),但覆盖层对碳化的延缓作用却是毋庸置疑的,如果选择适当的覆盖材料,就可有效地延长混凝土的碳化时间,提高结构的耐久性能。

## 三、几种有机物覆盖涂料的性质

作为防碳化的有机物覆盖涂料必须满足一定的要求:①具有良好的绝缘性,能防止 $CO_2$、水汽和氧气的渗透;②涂料与混凝土有足够的黏结强度,保证涂料与混凝土能牢固结合;③涂料有一定的变形能力,能适应温度而不发生开裂或脱开;④涂料的固化时间(即表干时间)满足施工要求。

下面以呋喃环氧树脂涂料(FAEP)、585 号不饱和聚酯涂料、BC 丙烯酸酯涂料、EVA 树脂涂料、ES 丙烯酸酯共聚乳液涂料、氯磺化聚乙烯涂料(CSPE)、CS 水泥基涂料为例,介绍防碳化有机物覆盖涂料的性质及相应的试验方法。

试验方法:①黏结强度试验。采用水泥硬练砂浆小 8 字模试件,将已拉断的试件用涂料黏结,测试其黏结强度。②固化时间试验。把涂料刷在混凝土表面,测试其表干时间。③抗折试验。把涂料涂刷在 0.3 mm 厚、表面用砂布磨糙的白铁皮上,7 d 后弯曲。④耐水性试验。把涂料涂刷在 10 cm × 10 cm × 10 cm 立方体混凝土试件表面,涂料固化后浸入常温水中 30 d 后观察涂层表面的变化情况。⑤抗温度变化性能试验。把涂料涂刷在 20 cm × 20 cm × 20 cm 水泥砂浆试件表面上,待涂料固化后放入 −25 ℃ 冰箱中 2 ~ 3 h,然后移入 85 ℃ 烘箱中烘 2 h 为一循环,检查涂层变化情况。⑥碳化试验。将烘干处理过的 10 cm × 10 cm × 10 cm 立方体混凝土试件相对的两个侧面涂上涂料,其余各面均用热石蜡封闭,待涂料固化后,将试件移入碳化箱中进行碳化。碳化箱内 $CO_2$ 浓度维持在(20 ± 2)%,湿度控制在 70% ~ 80%,温度基本维持在

(26±1)℃,经3、7、14、28 d碳化后,破型测定碳化深度。

表8-5　涂料与混凝土的黏结强度(MPa)

| 品种 | CS | BC | ES | CSPE | FAEP | 585号 | EVA |
|---|---|---|---|---|---|---|---|
| 黏结强度 | — | 2.52 | 0.97 | 0.49 | 4.47 | 5.29 | 2.59 |

试验结果:

(1)黏结强度。由表8-5可见,FAEP、585号的黏结强度较高,破坏均发生在水泥砂浆试件上,涂层本身未坏,可见涂层的黏结强度高于水泥砂浆本体的抗拉强度。CSPE、ES、BC、EVA涂料的黏结强度虽然不如前两种高,涂层与水泥砂浆黏结也很牢,可以满足要求。CS水泥基涂料因其较稀,可以黏结小8字水泥砂浆试件,但黏结强度较低,手拉即断。

(2)固化时间。CSPE、BC、ES、EVA和CS水泥基涂料均可在10~30 min内达到表干,但这与施工时的气候条件有关。气温低、大气湿度大时,表干时间长些。FAEP涂料可在12 h达到表干,585号固化时间可根据需要调节。

(3)抗折试验。CSPE、BC、EVA和ES涂料在白铁皮对折时(曲率半径约0.5 mm),涂层未裂,说明这四种涂料的变形能力较好。FAEP、585号、CS水泥基涂料的涂层,当白铁皮稍许弯曲时即发生裂纹,说明这几种涂料的变形能力较小。

(4)耐水性试验。涂层浸水30 d检查,FAEP、CS、CSPE涂料的涂层表面光滑完好,表明耐水性最好。585号聚酯涂层表面有少量鼓泡但仍光滑。BC涂料的涂层表面稍显粗糙并有少量鼓泡,耐水性稍差。EVA、ES涂料涂层表面较粗糙且鼓泡较多,耐水性最差。

(5)抗温度变化性能。涂层暴露在大气中,总要经受由负温到正温的温度变化,涂层与混凝土的热膨胀系数存在差异,当温度变化时,两者均会发生变形。混凝土往往阻碍涂层自由变形,此时涂层或产生裂缝,或与混凝土脱开。经过 -25~85 ℃冷热温度的4个循环,585号聚酯涂层开裂,部分与水泥砂浆脱开,说明它对温度变化的适应性较差。其余几种涂料经过20个循环,涂层表面完好,说明适应性很好。

(6)碳化试验。经过28 d碳化试验,未涂涂料保护的混凝土碳化深度已达19.7 mm,涂FAEP、585号聚酯、ES、EVA涂料的混凝土碳化深度为零,说明这几种涂料对混凝土的封闭效果最好,对混凝土的保护能力最强。涂CSPE涂料的混凝土28 d碳化深度仅0.5 mm,说明它的封闭效果也很好。涂BC涂料的混凝土28 d碳化深度为1.7 mm,约为未涂涂料混凝土的十分之一,说明它仍有一定的保护能力。涂CS水泥涂料的混凝土28 d碳化深度也仅为未涂刷涂料混凝土碳化深度的十分之一。

## 四、表面覆盖的施工程序

为保证表面覆盖的防护效果,涂料的施工工艺至关重要。其流程为:混凝土表面清理刷毛→高压水冲洗→干燥→涂刷涂料(养护)→堵塞气孔,涂刷第二遍涂料(养护)→涂刷第三遍涂料。

(1)混凝土表面清理刷毛:混凝土表面的浮物、油污一定要彻底清除,为涂层创造牢固的黏结基础,以免涂层剥落。一般可用人工刷毛或喷砂处理,再用高压水冲洗干净,自然干燥即可。

(2)涂刷涂料:为了使涂层真正起保护作用,涂刷必须均匀牢固,因此涂刷时要用力,尽可能薄而均匀,使涂料渗进裂缝或气孔内并形成一个连续的保护膜,不得漏刷。

(3)堵塞混凝土表面气孔:为了对$CO_2$、水汽、氧气起隔离作用,使之不能渗入混凝土,从而起到保护作用,就必须对混凝土表面进行封闭。如混凝土表面气孔不堵塞,势必影响封闭效果。一般可用呋喃环氧腻子(呋喃环氧浆液加滑石粉配制)堵塞气孔。

(4)裂缝处理:裂缝应先使用呋喃环氧腻子充填,然后贴玻璃丝布加固。

## 五、工程实例

黄河下游某分洪闸共有 7 孔,每孔净宽 20 m,设计分洪流量 2 000 $m^3/s$。分洪闸原工作桥大梁为钢筋混凝土结构,共有 14 根,每孔两根梁(上游梁和下游梁)之间由 7 根现浇次梁连接,简支于框架式桥柱上。大梁长 21.95 m,宽 0.3 m,高 2 m,上、下游梁分别配置 16Φ32、14Φ32 螺纹受力钢筋,梁身为 C30 混凝土,现场预制吊装,其横断面见图 8-1。

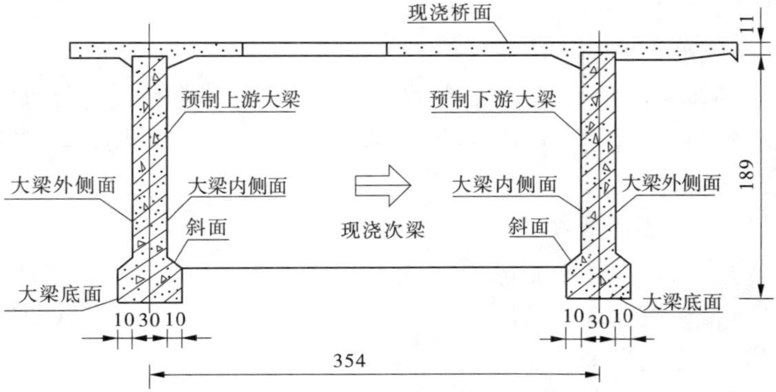


**图 8-1　工作桥大梁端部横截面图**　(单位:cm)

运行 20 多年后,检测发现大梁腹板出现龟裂及多条竖向裂缝,梁底有许多横向正裂缝,局部混凝土胀裂和剥落,钢筋外露。研究决定拆除更换 1 号、3 号、5 号、6 号、7 号五孔大梁,并对强度尚能满足设计要求,裂缝较轻,碳化深度已接近(个别部位已超过)保护层厚度的 2 号、4 号孔大梁进行防碳化处理。

为了保证防护效果,对比分析了高标号水泥砂浆抹面、水泥裹砂喷护、环氧树脂水泥砂浆抹面、保护层凿除更新、喷射丙乳水泥砂浆(全称为喷射丙烯酸酯共聚乳液水泥砂浆)等五种方案。由于喷射丙乳水泥砂浆的防碳化处理方案具有与老混凝土面黏结强度高,抗碳化能力强,不需凿除原保护层,施工比较简便,单位面积造价比传统方法低廉等优点,因此决定采用此方案进行防碳化处理。其施工程序和操作工艺如下。

**(一)大梁表面处理**

(1)裂缝凿除。顺着裂缝的走向,人工凿除裂缝处的混凝土,至不见裂缝为止,对顺筋裂缝应将锈蚀钢筋附近的混凝土彻底清除,并对钢筋进行除锈。

(2)清理基面。为了增加丙乳水泥砂浆与老混凝土的黏结力,要用钢丝刷清除混凝土表面的污物、粉尘和松软、脆弱部分,然后用高压水枪冲洗干净。

(3)填补裂缝。清理完毕后,对凿除裂缝的沟槽及梁表面不平处,先刷一层丙乳净浆(水泥: 丙乳 =1∶0.8),然后用丙乳水泥砂浆抹平、养护。

**(二)涂刷丙乳净浆**

为使丙乳水泥砂浆同原混凝土黏结牢固,在喷射丙乳水泥砂浆之前先在大梁表面涂刷一层丙乳净浆,且一定要将表面低凹处、孔洞等所有地方都涂刷到,不留空白点。

**(三)丙乳水泥砂浆的配制**

配制丙乳水泥砂浆的材料选用济南东方红水泥厂生产的黄河牌425号矿渣水泥,细骨料为肥城天然河砂,粒径控制在1.25 mm以内(采用过筛处理),水为生活用水,聚合物为丙烯酸酯共聚乳液。拌和量视施工进度而定,必须控制在1 h内用完。配制时,以10 kg水泥为标准,按照试验确定的配合比先将水泥和砂拌和均匀后再加入水和丙乳,拌匀待用。

**(四)丙乳水泥砂浆的喷射**

喷射丙乳水泥砂浆的设备由0.6 $m^3$/min空压机、喷枪及耐压管组成，它适用于平面喷、仰喷和侧喷。根据施工场地情况和设备的施工能力，确定每次喷射的面积为20 $m^2$ 左右，喷射丙乳水泥砂浆的总厚度不小于5 cm，分两遍完成。第一遍喷射是在大梁表面涂刷丙乳净浆后立即进行，喷射厚度控制在3 cm左右；第二遍喷射应在丙乳水泥砂浆初凝后进行，首先用毛刷清除第一遍喷射附着在表面上的粉尘，然后喷射，喷射厚度控制在2 cm左右。

**（五）压抹保护层及养护**

待第二遍丙乳水泥砂浆初凝约1 h后，压抹6 cm厚C30微膨胀水泥砂浆，砂浆中添加的膨胀剂为PNC型混凝土早强剂，其作用是提高修补材料的密度、降低干缩、增强结合力。在微膨胀水泥砂浆初凝前压光。压光完成后，挂草袋养护，采用农药喷雾器连续喷洒养护3 d。第1 d每小时喷洒一次，第2 d后喷洒间隔时间可适当延长，但必须保持草袋在潮湿状态，3 d后改为压力水养护，7 d后采用自然养护。

**（六）施工时间的安排**

根据丙乳水泥砂浆的性能，喷射施工期间气温不宜超过25 ℃，因此如果是在夏季施工，应在每天早、晚气温适宜的时间内进行。

上述防护工程施工结束2 a后，经检查，丙乳水泥砂浆保护层与原混凝土表面黏结牢固，敲击无脱空声音，无任何脱落现象，无裂缝，表面平整光滑，有效起到了密闭防碳化的作用。

## 第二节　改善配合比提高抗碳化能力

从材料上考虑，混凝土具有较小的水灰比及保持高碱度和一定的碱储量对提高混凝土的抗碳化能力非常重要。水灰比对混凝土碳化性能的影响主要体现在两个方面：①水灰比对混凝土的孔隙结构影响极大，控制着混凝土的渗透性。在混凝土拌和过程中，水占据一定的空间,即使振捣比较密实,随着混凝土的凝固,水占据的空间也会变成微孔或毛细管等。因此,在水泥用量一定的条件下,增大水灰比,混凝土的孔隙率增加,密实度降低,渗透性增大,碳化速度加大。②单位水泥用量越小,混凝土单位体积内的 $Ca(OH)_2$ 含量也就越少,碳化速度越快。综上可知,水泥用量越大,水灰比越小,碳化速度越慢。张誉等根据碳化机理推导出的混凝土实用碳化深度预测模型(见式(8-5))直接反映出水灰比、水泥用量、环境相对湿度、$CO_2$ 浓度对碳化速度的影响:

$$L = 839(1 - RH)^{1.1}\sqrt{\frac{W/C - 0.34}{C}[CO_2]^0 t} \tag{8-5}$$

式中 $L$——混凝土碳化深度,mm;

$RH$——环境相对湿度(%),$RH > 55\%$ 时适用;

$W/C$——混凝土水灰比;

$C$——水泥用量,$kg/m^3$;

$[CO_2]^0$——环境中 $CO_2$ 的气体摩尔浓度(%);

$t$——混凝土碳化时间,d。

从式中可以看出,水灰比越大,水泥用量越小,碳化深度越大。蒋利学、张誉又通过混凝土快速碳化试验,研究了水灰比、水泥用量等因素对碳化速度的影响。在固定 $CO_2$ 浓度、环境温度和相对湿度条件下,保持水泥用量不变,通过调整水灰比进行了试验研究(见表 8-6)。

试验时碳化箱内的试验条件为:温度(20 ± 5)℃,相对湿度 75%,$CO_2$ 浓度 20%,碳化时间为 30 d 和 50 d。由图 8-2 水灰比对碳化深度影响的试验结果可以看出,碳化深度与水灰比成指数函数关系,水灰比越大,混凝土的碳化速度越快。表 8-7 是水灰比变化水泥用量也随着变化的情况下,混凝土的碳化试验结果(配合比见表 8-7)。

表 8-6　碳化试验的基本参数

| 试件编号 | 水灰比 $W/C$ | 水泥用量 $C(kg/m^3)$ | 砂率 (%) | 水泥品种 | 养护时间 (d) | 覆盖层 |
|---|---|---|---|---|---|---|
| $A_1$ | 0.35 | 400 | 29 | 普通硅酸盐水泥 | 28 | 无 |
| $A_2$ | 0.40 | | 31 | | | |
| $A_3$ | 0.50 | | 34 | | | |
| $A_4$ | 0.65 | | 38 | | | |

表 8-7　混凝土的配合比　（单位:kg）

| $W/C$ | 水泥 | 水 | 砂 | 石子 |
|---|---|---|---|---|
| 0.35 | 575.1 | 200.8 | 765.1 | 854.4 |
| 0.50 | 355.5 | 178.3 | 1 021 | 837.9 |
| 0.65 | 279.2 | 181.4 | 1 044 | 870.4 |

图 8-3 是暴露 28 d 混凝土的水灰比与碳化深度的关系曲线，试验条件为 $CO_2$ 浓度 30%，常压下进行。从图上可以看出，碳化深度随着水灰比的增大而增大，且当水泥用量变化时，碳化速度随着水灰比的增大速度明显加快。因此，减小水灰比，增加水泥用量是提高混凝土抗碳化能力的重要途径。

混凝土中掺加减水剂，能直接减少用水量，而引气剂使混凝土中形成很多封闭的气泡，切断毛细管的通道，两者均可以使 $CO_2$ 有效扩散系数显著减小，从而大大降低混凝土的碳化速度。表 8-8 是几种不同水泥品种掺外加剂对碳化速度的影响。

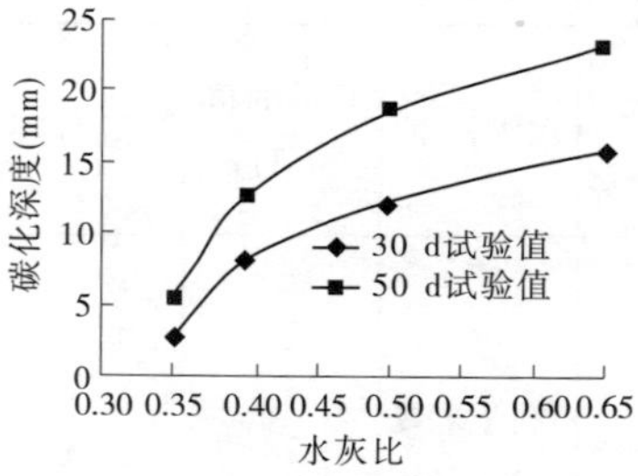


图 8-2 水泥用量不变时水灰比对碳化深度的影响

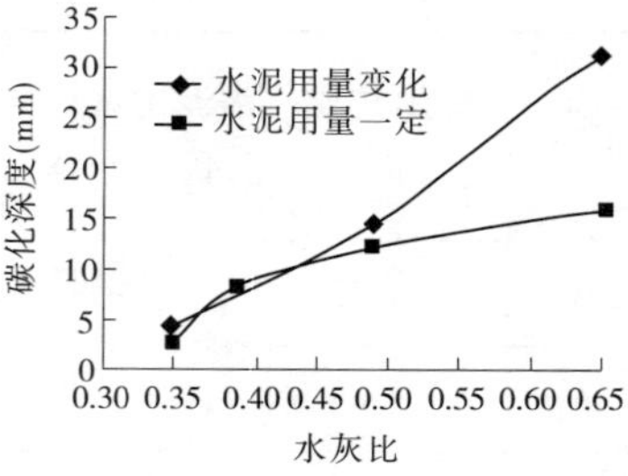


图 8-3 水泥用量变化时水灰比对碳化深度的影响

表 8-8 掺外加剂对混凝土碳化速度系数的影响

| 水泥品种 | 相对碳化速度系数 | | |
|---|---|---|---|
| | 无外加剂 | 掺引气剂 | 掺减水剂 |
| 硅酸盐水泥 | 0.6 | 0.4 | 0.2 |
| 普通硅酸盐水泥 | 1.0 | 0.6 | 0.4 |
| 矿渣硅酸盐水泥(矿渣掺量 30% ~40%) | 1.4 | 0.8 | 0.6 |
| 矿渣硅酸盐水泥(矿渣掺量 60%) | 2.2 | 1.3 | 0.9 |
| 火山灰质硅酸盐水泥及矿渣与粉煤灰双掺水泥 | 1.7 | 1.0 | 0.8 |
| 粉煤灰水泥 | 1.8 | 1.1 | 0.7 |

注:相对碳化速度系数系指不同品种水泥混凝土的碳化深度,与同条件下无外加剂普通硅酸盐水泥混凝土碳化深度的比值。

# 第三节 混凝土的再碱化提高抗碳化能力

## 一、混凝土结构修复技术研究概述

常用的混凝土结构修复技术有材料替换、渗入钢筋阻锈剂及电化学修复技术,电化学修复技术包括阴极保护和再碱化技术。

材料替换即更换已破坏的构件和修补混凝土，适用于那些有明显破坏迹象的混凝土结构，比如混凝土已经锈胀开裂。使用传统材料替换的修复方法后，修补处的砂浆或混凝土与周围混凝土含盐量不同，密实性差，有可能构成新的宏观腐蚀电偶。渗入钢筋阻锈剂即在混凝土表面涂抹阻锈剂，经过一段时间后，阻锈剂渗透到混凝土内部，并达到钢筋周围，能对阳极区和阴极区同时保护。阴极保护，包括外加电流阴极保护和牺牲阳极阴极保护。外加电流阴极保护需要源源不断的电流，这增加了运用成本，且对于处在地下水、涌浪区和浪溅区之间界面区的混凝土结构阳极的选用、安装和控制还有很多亟待解决的问题。牺牲阳极阴极保护系统的原理与外加电流阴极保护相同，但所用阳极是比钢筋更有活性的金属，因此被优先消耗，产生阴极保护电源。阳极和阴极之间的电势差与环境以及阴阳极材料的相对电势差有关。电流取决于电势差和电阻，由于电流和电势差不可控制，因此不能保证系统发挥有效的保护作用，而且需要低电阻的使用环境。

混凝土碳化是造成混凝土碱性降低的主要原因之一。再碱化技术可以通过外部碱性溶液的电渗作用或阴极钢筋处的电化学反应使钢筋周围的混凝土恢复碱性，从而使钢筋表面恢复钝化，以减缓或阻止钢筋的继续腐蚀。

## 二、再碱化机理研究

再碱化技术的原理是应用电渗和电化学原理，在钢筋和混凝土之间施加一个电场，用碱性溶液作为电解质，通过电化学反应产生 $OH^-$，同时碱性电解质向钢筋周围的混凝土渗透，恢复钢筋周围混凝土的高 pH 值，达到使钢筋再钝化的目的。对于碳化混凝土再碱化技术的研究，目前在很多方面还没有达成共识。在再碱化原理的认识上，朱雅仙认为再碱化是通过电化学反应实现的，屈文俊等认为碱性溶液的电渗作用在再碱化过程中起主要作用，C.

Andrade、M. Castellote 认为混凝土的再碱化过程中同时存在电化学作用和电渗作用,张翔则将电化学和电渗作用结合起来研究,通过理论和试验研究将电化学和电渗作用结合起来。

电化学反应的作用如下:在置于混凝土构件表面的外部电极和钢筋之间通一直流电,钢筋作为阴极,外部电极作为阳极,对钢筋进行阴极极化,介质传递过程见图 8-4 及下列电化学反应。

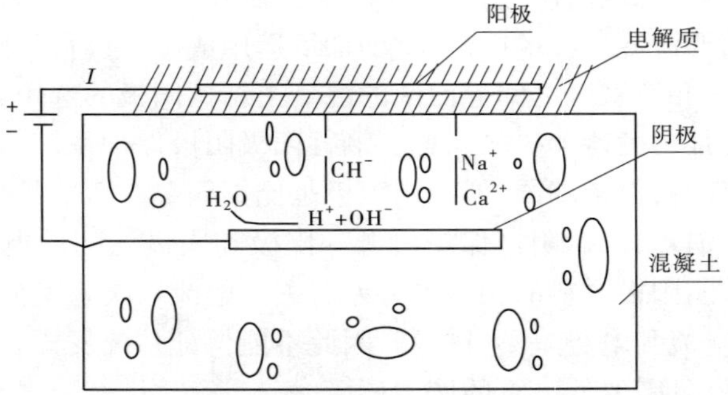


图 8-4　混凝土再碱化原理

一方面,通入的直流电迫使钢筋表面的阳极反应完全停止,即

$$Fe \rightarrow Fe^{2+} + 2e^- \tag{8-6}$$

因碳酸钠溶液中只有电极电位代数值小的活泼金属阳离子钠离子,则水溶液中氢离子优先得到电子,由于有氧气参与反应,则在钢筋表面发生如下所示的阴极反应:

$$H_2O + \frac{1}{2}O_2 + 2e^- \rightarrow 2OH^- \tag{8-7}$$

如果阳极与阴极间产生的电流过大,则产生阴极过保护现象,发生电解水的反应:

$$H_2O + 2e^- \rightarrow H^+ + OH^- \tag{8-8}$$

以上两个反应所产生的 $OH^-$ 一部分向阳极迁移,一部分滞留在钢筋周围,滞留的那部分 $OH^-$ 会提高钢筋周围混凝土的碱性。

另一方面，在阳极碳酸钠溶液中的阴离子只含有碳酸根离子和氢氧根离子，而碳酸根离子不易氧化，不会在阳极放电，而溶液中的氢氧根离子将优先在阳极放电，析出氧气：

$$2OH^- \rightarrow H_2O + \frac{1}{2}O_2 + 2e^- \tag{8-9}$$

另外，在阳极还伴随着电解水反应：

$$H_2O \rightarrow \frac{1}{2}O_2 + 2H^+ + 2e^- \tag{8-10}$$

阴极的电解水反应是由于过大的电流产生的阴极过保护现象，由式(8-7)和式(8-8)可知，阴极反应及其电解水反应的区别是前者有氧气参加，而后者没有氧气参加。只要氧气供应速度跟不上电子供应速度，即电流足够大，阴极反应及其电解水反应都始终贯穿于整个再碱化过程中。

电渗是在外加电场作用下，液相相对于静止不动的带电表面（毛细管或多孔介质）的运动。由于电渗实际上是一种相对剪切运动，所以涉及的电位都是剪切面上的电位，即 $\zeta$ 电位。在直流电压的作用下，高碱性的电解质溶液通过混凝土多孔的基体，渗透到已碳化的混凝土中，达到使混凝土碱性恢复的目的。

## 三、再碱化试验方法

再碱化试验方法可以分为三类：电解液涂覆法、电解液浸泡法和模拟施工的方法。

电解液涂覆法是直接在碳化混凝土周围先涂覆含电解质（常用 $Na_2CO_3$）溶液的纸浆，用金属网（可用钢丝网，但易腐蚀，最好用钛金属网）包裹，再在金属网外涂覆一层含电解质溶液的纸浆。以试件中钢筋为阴极，外裹金属网为阳极，用导线分别与直流电源连接，中间串联电流表。需注意，每隔一段时间应向纸浆上喷洒碳酸钠溶液，保证其浓度。

电解液浸泡法和电解液涂覆法类似，区别在于不是用含电解质（常用 $Na_2CO_3$）溶液的纸浆来连接外部金属网即（阳极）和试件中钢筋（阴极）形成通路，而是直接将外裹金属网的试件浸泡于电解液中。同样，以试件中钢筋为阴极，外裹金属网为阳极，用导线分别与直流电源连接。

模拟施工法是用一碳化混凝土试块将一箱体分隔成两小室，分别插入电极，连上直流电源，设置为阴极区和阳极区。为与真实情况保持一致，在通电前阴极钢筋在蒸馏水中自行腐蚀，混凝土试块预先进行碳化。为模拟碳化混凝土中孔溶液，在阴极区加入蒸馏水，在阳极区加入 1 mol/L 的 $Na_2CO_3$ 溶液。如图 8-5 所示，通电进行试验。

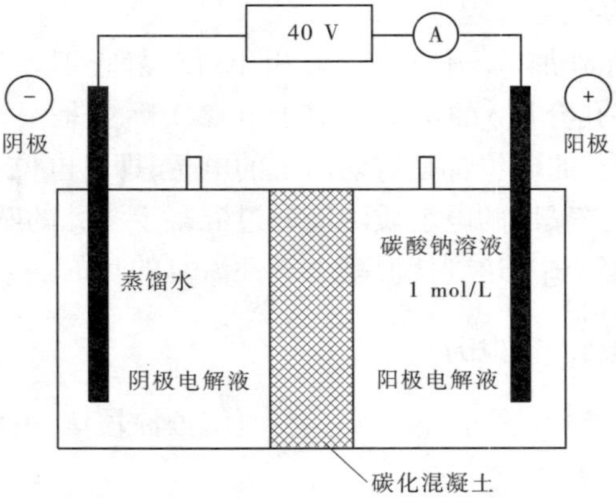


**图 8-5　模拟施工法试验装置示意图**

对于试验条件，除了上述试验介绍中提到的试验装置的要求，电解液涂覆法不宜在干燥、高温等环境下进行，因为这些环境条件会加速纸浆中的碳酸钠溶液的挥发，从而加大试验难度，并使试验结果的准确度降低。

## 四、再碱化控制理论研究

再碱化的作用效力主要体现在两个方面：钢筋混凝土的防腐情况和力学情况。防腐情况包括钢筋周围的 pH 值、再碱化厚度、开路电位、瞬时直流腐蚀率、吸水率和电阻等。而力学性质主要考虑抗压强度、弹性模量和黏结强度。这些因素可以称做效力因素。

再碱化过程可以通过控制这些效力因素来实现，而要控制这些效力因素，必须要找到决定这些效力因素的外在因素，如电流密度 $i$、通电时间 $t$、电解液浓度 $c$ 等。通过控制这些因素，使效力因素达到某特定值，实现钢筋恢复钝化。要借助控制外在因素来控制效力因素，必须做到三点：①找到控制再碱化过程中各效力因素变化的外在因素，并建立效力因素与外在因素之间的量化关系；②从众多效力因素中选取能够简便准确反映再碱化效果的因素作为控制因素，并确定达到钢筋钝化时控制因素的数值；③建立控制因素与外在因素的量化关系，找到实现钢筋钝化所需的外在因素的量化指标。做到上述三点，这样，在再碱化过程中，只要控制此外在因素达到量化指标，就能使钢筋达到钝化，从而实现再碱化过程控制。

再碱化过程受到多种外在因素的影响，如电流密度 $i$、通电时间 $t$、电解液浓度 $c$ 等，而电量是较合理、准确影响再碱化因素的外在因素。C. Andrade、M. Castellote 认为，电量 $Q(C)$ 是控制再碱化的外在因素，并引用 Faraday 定律进行解释说明。朱雅仙也在文章中提到，pH 值、自然电位和极化电阻均随电量 $Q$ 变化。通过理论推导和试验数据的拟合分析，可得到不同的变化曲线：C. Andrade，M. Castellote 提出的 pH 值与电量的函数关系、朱雅仙提出的 pH 值与 $\lg Q$ 的拟合关系曲线、屈文俊提出的再碱化厚度与电量的函数关系等。上述各理论公式或关系曲线均有其理论价值，但都有不足之处，可靠性和适用性受到质疑。因此，需要进一步改进和发展上述研究成果,建立准确可靠的理论,以反映效力因素和外在因素的量化关系。

## 五、再碱化技术的优缺点及其工程应用

混凝土再碱化技术是一项新兴的修复技术,相对于其他修复技术具有许多优点:

(1)这种修复方法不具有破坏性,无需除掉表层的混凝土保护层,施工工艺简单,对原结构或构件性能影响小,修复周期短;

(2)因为碳酸钠不会和空气中的二氧化碳反应,因此耐久性持久,再碱化效果突出;

(3)对环境污染小,装置简单,纸板与金属网还能回收多次使用。

和其他的修复技术相比,混凝土再碱化修复法也有自身的缺点:

(1)再碱化过程中会暂时降低混凝土与钢筋的黏结强度。再碱化过程的初始,随着用电量加大,黏结强度会下降,但过了一段时间之后,用电量继续增加,黏结强度也开始增加。因此,黏结强度的减小只是临时性的,影响不大。

(2)再碱化导致混凝土中碱化量增加,容易引起碱骨料反应。

(3)对于高强钢筋有可能引起氢脆反应。

再碱化技术已应用于工程实践,由于 $Na_2CO_3$ 溶液具有弱碱性且易于渗透进入混凝土,因此得到较普遍的应用。但其也有不足之处,这便要求寻找效果更好的溶液。另外,再碱化技术使用时通常是在混凝土表面涂覆碳酸钠溶液浸泡过的纸浆,由于电渗作用及蒸发,因此需要不断喷淋碳酸钠溶液以保持合适的浓度。

## 参考文献

[1] 张令茂. 混凝土表面覆盖的碳化延迟系数研究[J]. 西安冶金建筑学院学报,1989(3).

[2] 韩本正. 混凝土防碳化涂料的试验研究[J]. 混凝土与水泥制品,1991(3).

[3] 冯乃谦. 实用混凝土大全[M]. 北京:科学出版社,2001.

[4] 屈文俊,陈璐,刘于飞. 碳化混凝土结构的再碱化维修技术[J]. 建筑结构,2001,(9).

[5] 张誉,蒋利学. 基于碳化理论的混凝土碳化深度实用数学模型[J]. 工业建筑,1998,28(1).

[6] 朱雅仙. 碳化混凝土再碱化技术的研究[J]. 水运工程,2001,6.

[7] C Andrade,M Castellote,J Sarria,et al.. Evolution of pore solution chemistry electro - osmosisand rebar corrosion rate induced by realkalisation[J]. Materials and Structures, 1999,7, 32:427—436.

[8] 张翔. 碳化混凝土结构的再碱化技术研究[D]. 同济大学,2005.

[9] 张誉,蒋利学. 混凝土结构耐久性概论[M]. 上海:上海科学技术出版社,2002.

[10] 洪乃丰. 混凝土中钢筋腐蚀与阻锈剂[J]. 混凝土,2001,6.